重养自己一次

陈陈 著

电子工业出版社
Publishing House of Electronics Industry
北京·BEIJING

未经许可，不得以任何方式复制或抄袭本书之部分或全部内容。
版权所有，侵权必究。

图书在版编目（CIP）数据

重养自己一次 / 陈陈著. -- 北京：电子工业出版社, 2025.4. -- ISBN 978-7-121-49956-2

Ⅰ．B848.4-49

中国国家版本馆CIP数据核字第2025S2M373号

责任编辑：张艺凡
印　　刷：天津画中画印刷有限公司
装　　订：天津画中画印刷有限公司
出版发行：电子工业出版社
　　　　　北京市海淀区万寿路173信箱　邮编：100036
开　　本：720×1000　1/16　印张：10　字数：167千字
版　　次：2025年4月第1版
印　　次：2025年4月第1次印刷
定　　价：49.80元

凡所购买电子工业出版社图书有缺损问题，请向购买书店调换。若书店售缺，请与本社发行部联系，联系及邮购电话：（010）88254888，88258888。
质量投诉请发邮件至 zlts@phei.com.cn，盗版侵权举报请发邮件至 dbqq@phei.com.cn。
本书咨询联系方式：（010）68161512，meidipub@phei.com.cn。

序

勇敢面对过往，重养更好的自己

在这个纷繁复杂的世界里，每个人都匆匆而行，背负着生活的重担，在喧嚣与挑战中寻找属于自己的安宁与光彩。我，亦不例外。作为一位在文字间游走的旅人，我见证了太多女性的坚韧与柔美，也深切了解了那些在生活的洪流中努力挣扎、不懈追求的灵魂。于是，我提笔将这份感悟化作一串串温暖的字符，编织成一本关于自我重生的书。

我的故事，或许并不独特，却是千万女性心路历程的一个缩影。曾几何时，我深陷在原生家庭的阴影中，那些童年的伤痕如同烙印，悄无声息地影响着我的成长轨迹。我曾在情感的泥沼中挣扎，试图用无尽的付出去换取一份认可与温暖，然而换来的往往是更多的失望与疲惫。职场的竞争、人际关系的复杂，更是让我一度迷失方向，仿佛置身于茫茫大海，找不到归途。

然而，正是这些经历，让我觉醒并学会了反思。我意识到，真正的幸福与满足，并非源自外界的给予，而是出于内心的丰盈与强大。于是，我踏上了自我疗愈与成长的旅程，用文字记录心路，用阅读滋养心灵。在不断的尝试与探索中，我逐渐找回了被遗忘已久的、真实的自己。

这本书不仅仅是我个人心路历程的回顾，更是我送给那些同样在人生旅途中踽踽而行的姐妹们的深情寄语。我希望通过这本书传递一种力量——无论你现在正经历着什么，无论你的过去有多么不堪，你都有能力重养自己，让自己重新散发光彩。

在本书中，我分享了许多女性普遍经历的故事：从原生家庭的束缚到职场的挑战，从情感的困惑到自我价值的探索，每一章、每一节都试图触及那些深藏于心的柔软与坚韧。我相信，每个人的生命中都有那么一段或几段难以言说的过往，但正是这些经历，塑造了今天的我们，让我们变得更加成熟。

重养自己，就如同凤凰涅槃，每一次自我突破都是从灰烬中重生。女性的美，不仅是外表的美丽，更是内在力量的觉醒。让过往的忧伤与痛苦化作那燃烧的火焰吧，不必畏惧，因为真正的成长来自破茧而出的勇气。当我们选择放下包袱、轻装上阵时，就会如凤凰一般，在每一次的重生中变得更加坚韧和耀眼。重养自己，就是赋予自己第二次生命，散发属于自己的光彩。

本书融合了自我成长、心理疗愈与生活方式等多个方面，旨在通过细腻的文字与实用的建议，引导读者在忙碌与喧嚣的生活中找到内心的平静与力量。书中既有深刻的自我反思，也有轻松的生活小窍门，力求为你的重养之旅助一臂之力。

写这本书于我而言，是一场深刻的自我对话与心灵洗礼。我希望这本书能够激发更多女性对自我的关注与成长追求，勇敢地面对过去的伤痛，积极地拥抱未来。

愿翻阅此书的你能与它产生共鸣，获得启示并勇敢地迈出自我重养的步伐。无论未来的路多么崎岖，都请记得，你拥有无限的力量。在生命的旅途中，让我们携手前行！

| 目 录 | CONTENTS

第一章
成年后，你第一个需要养好的孩子是自己

1 走出原生家庭，主动重养自己 ... 002
2 不幸的童年需要用一生去治愈 ... 006
3 带着一身伤痕长大的人，亟须弥补童年的自己 ... 009
4 "为你好"，一把以爱"杀人"的刀 ... 012
5 精神内耗，每天胡思乱想怎么办 ... 015
6 你在意什么，什么就在折磨你 ... 018
7 爱而不得的东西太多，要学会释怀 ... 021
8 痛苦的根源：无法接受已发生的事 ... 024

第二章
历经风霜的心灵，需要开启一场重养之旅

1 受到重要之人的伤害时，你需要给心灵做一次 SPA ... 028
2 小时候被霸凌的人，亟须一场自我疗愈 ... 031

3 输在起跑线上没有关系，关键是要赢在转折点上 ... *034*

4 不要被全职妈妈的角色框住了，要做自己的女王 ... *037*

5 养大了孩子、养废了自己的人，需要再爱自己一次 ... *040*

6 面对一次次的打压，找回内心的坚韧最重要 ... *043*

7 遭遇痛苦失败时，用勇气与信念重养自己的理想之树 ... *046*

8 前半生过得一塌糊涂，请重启人生模式，活出精彩 ... *049*

第三章

生活不只是眼前的苟且，重养自己是为了诗和远方

1 用力弥补小时候的自己，也是我们长大的意义 ... *054*

2 过去的事不是你的错，你得学会翻篇 ... *057*

3 爱自己，是浪漫的开始 ... *060*

4 自我重塑，为成长赋予新意 ... *063*

5 在角色之外，找寻自我本色 ... *066*

6 你是他的妻子，但你不是他的附属品 ... *069*

7 重拾梦想，为己辛苦为己甜 ... *073*

8 突破职业界限，拥抱无限可能 ... *076*

第四章

化蛹成蝶，重养是一场自我重塑的大戏

1 远离那些让你内耗的烂事 ... *080*

2 断掉让你受折磨的感情 ... *084*

3 找回内心的勇敢和自信，做回自己 ... *087*

4 不再做讨好型人格的人 ... *090*

5 去做一件你一直想做而又没做的事 ... *093*

6 从自己身边的人或物中发现美 ... *096*

7 与其渴望被爱，不如努力自爱 ... *099*

8 在爱人与被爱中治愈自己 ... *102*

第五章

每一次失去和离别，都是重养自己的契机

1 朋友如星辰，每一次失去都是为了更好的遇见 ... *106*

2 爱情路上坚韧前行，先爱自己再遇对的人 ... *109*

3 婚姻结束亦是起点，重养自己迎接幸福 ... *112*

4 工作只是舞台，自我成长才是永恒 ... *115*

5 钱是身外之物，内心强大才是真富有 ... *118*

6 创业失败是浴火，凤凰涅槃乃重生 ... *121*

7 残疾的不过是肢体，依然完整的是精神 ... *124*

第六章

重生之花，在日积月累的浇灌中绽放

1 在忙碌中寻觅身体与灵魂的和鸣 ... *128*

2 优雅再出发，始于每一次复盘 ... *131*

3 微笑无成本，却能带来财富 ... *134*

4 阅读是最温柔的SPA，滋养心灵的每一个角落 ... *137*

5 开阔视野，丰盈我们的内心世界 ... *140*

6 断舍离,不仅是空间的瘦身,更是心灵的净化 ... *143*

7 用感恩之心温暖自己,也温暖这个世界 ... *146*

8 再坚持一下,我就会站在属于自己的高度 ... *149*

第一章

成年后，你第一个需要养好的孩子是自己

▼

我们成年后的首要任务是学会重养自己。原生家庭、精神内耗、爱而不得……这些经历往往会在我们心中留下伤痕，我们需要通过自我疗愈、建立健康的社交圈、设定小目标等方式，逐步走出阴霾，去拥抱一个更加坚韧、自信的自己。

1

走出原生家庭，主动重养自己

在原生家庭中的生活就像一场无形的舞台剧，而我们在其中不知不觉地扮演了角色，甚至剧本里的台词和情节都深深印在了我们心里。它可能是一部温馨的家庭剧，让我们学会爱与被爱；也可能是一部惊悚剧，让我们的成长之路荆棘遍布。

在我记忆的深处，有一幅画面总是挥之不去：那是我童年时期的一个傍晚，父母因为琐事而争吵，声音透过门缝，像锋利的刀片割裂着空气中的宁静。我蜷缩在角落里，紧紧抱着膝盖，泪水无声地滑落。弟弟在一旁哭闹，很快吸引了他们的注意，而我就像房间里一件多余的家具，被彻底忽视了。那一刻，一颗名为"不安"的种子在我的心底种下了，它随着时间的推移，悄然生长，成为我性格中难以抹去的一部分。

这种原生家庭带来的不安全感，像一道无形的枷锁，让我在成长的路上举步维艰。即便后来，我完成了学业，步入了职场，甚至组建了自己的家庭，那份深埋在心里的不安依旧如影随形。成为全职妈妈后，我将自己完全奉献给了家庭，却在这份牺牲中迷失了自我：经济不独立、与社会脱节，让我在家中的地位岌岌可危；老公不经意间的嫌弃，更如同一柄利剑，刺痛着我的心。

但我不愿就此沉沦，我意识到，要走出这些阴霾，得从重养自己开始。我重拾书本，无论内容是心理学还是职业技能，贪婪地吸收着知识的养分；我尝试着走出家门，参与社交活动，哪怕只是小区的妈妈们之间的闲谈，也让我感受到了久违的与社会的连接，以及人与人之间的温暖。更重要的是，我学会了自我肯定，不再用过去的生活定义我的现在和未来。

对于同样在原生家庭阴影中挣扎的姐妹们，我想说，改变的第一步是认识到自己的价值，明白自己值得被爱，值得拥有一个安稳、幸福的生活。我们可以从设立小目标做起，比如每天给自己留出一点时间，做喜欢的事情，建立健康的社交圈，让正能量的人进入你的生活。

我有一个好闺蜜，有一次我在聚会上看到她默默退到角落，低着头，手指不安地绞在一起，我的心就像被针扎了一样疼。我记得小时候，她是个活泼开朗、眼睛里闪着光的女孩。但这些年，她总说自己不够好，配不上更好的生活，那份从原生家庭中带来的自我贬低，像一张无形的网，紧紧束缚着她。

她的父母对她抱有极高的期望，却很少给予她鼓励和支持。她的每一次失败都被无限放大，而她的成功却常常被忽视。久而久之，诸如"你不够好""你再努力也没用"的声音，在她心里不断回响，让她在机会面前总是先自我否定。

我理解这种痛，因为我也经历过。我们总是在不经意间，被原生家庭的阴影影响到自我价值感的建立。但我也明白，要走出这片阴霾，首先得学会重新认识自己，拥抱那个被忽视已久的内在小孩。

我开始鼓励闺蜜，也鼓励自己，从每一件小事做起，给自己正面的反馈。比如，在完成一个小项目后，我会给自己一个小奖励，说一句："我做到了，我真的很棒！"慢慢地，这些微小的肯定汇聚成河，冲走了我多年来的自我怀疑。

同时，我们也需要学会建立正确的边界，不让外界的声音轻易影响我们。这意味着，当有人贬低我们时，我们要学会站出来，温柔而坚定地告诉自己："我的价值，不是由别人来决定的。"

我身边有这样一位姐妹，她成长在一个父母关系紧张的家庭，父亲的沉默寡言与母亲的超强控制欲，构成了她童年最深的底色。当父母因琐事发生冲突时，空气中便弥漫着一种难以名状的紧张气氛。这时，她只能躲在房间的角落里，用手指紧紧缠绕着衣角，默默承受着那份不属于她的沉重。

长大后，她带着这种原生家庭的烙印，步入了婚姻。她渴望从伴侣那里得到从未有过的温暖与理解，但往往事与愿违。每当与丈夫产生分歧时，她就会不自觉地采用母亲那种强硬的操控方式，或是选择像父亲一样沉默逃避，这些处理事情的方式将她的婚姻推向了困境。她变得敏感多疑，亲密关系中的每一丝风吹草动，都能在她的心中激起惊涛骇浪。

上述问题的解决之道在于觉察与改变。她需要认识到产生这些情绪的根源，并学会区分过去与现在，理解那些非理性的恐惧和不安并非当前情境的真实反映，而是来自童年的阴影。

亲密关系是两个人的事，所以她和丈夫开始学习有效沟通的技巧。他们学会了倾听对方的需求，而非预设立场；学会了用"我感觉……"代替"你总是……"，减少指责，加深理解。通过角色互换，体会对方的感受后，两人之间的墙渐渐瓦解，取而代之的是相互体谅的桥。

记得有一个周末，我家里的气氛异常沉重。父母又因为表叔结婚的礼金问题争执起来，声音越来越大，空气里弥漫着紧张与不安。我躲在自己的房间里，心里五味杂陈，这种场景对我来说太过熟悉，以至于我学会了用沉默来应对。但每当面对这种情况时，我都会感到一种难以言喻的孤独，仿佛自己与世界之间隔着一道看不见的墙。

原生家庭，这个本该是温暖港湾的地方，却成了我人际关系紧张的源头。我学会了防备，学会了用尖刻的话语来保护自己，不让任何人靠近，这让我在成长过程中错失了许多建立真诚友谊的机会，也让我的每一段人际关系都充满了挑战。

我意识到，如果我想要改变，就必须先从理解自己开始。我开始阅读关于原生家庭影响的书籍，尝试去理解那些深藏于心的伤痛是如何影响我与他人的交往的。我学会了一个词——共情，它让我明白，每个人都有自己的故事，每个行为背后都有原因。当我开始用这样的眼光去看待他人时,我发现,那些曾经让我愤怒、不解的行为,其实都蕴含着他人的不易与挣扎。

无论原生家庭的剧本如何,我们都有改写自己的人生剧本的权利,因为我们的人生剧本的编剧永远是我们自己!就像一场舞台剧,即使开场不尽如人意,我们也可以在中途调整自己,演好下半场。重养自己,就是拿起那支魔法笔,给自己的生活涂上鲜艳的色彩,添加一些惊喜的转场,让每一个动作、每一句台词都充满力量与自信。

2

不幸的童年
需要用一生去治愈

童年就像是人生乐章的序曲,本该是清澈的河流,欢跃地流向未知而精彩的海洋。然而,对于一些人来说,这段序曲却交织着不和谐的音符,像是乌云蔽日,让那片本该明媚的天空阴霾重重。

对于不幸的童年,我们需要用一生去治愈,这就好比说,我们收到了一张古老的地图,上面标记着未完成的探险和隐藏的宝藏,但指引路线却如错综复杂的迷宫。于是,我们的成年生活就变成了一场寻宝之旅,每一步都小心翼翼,试图解开那些童年的谜题,找回遗失的快乐和安全感。

这一路上,我们学会了做自己的勇士,也成了自己心灵的疗愈师。我们或许会收集沿途的阳光,温暖每一个阴冷的角落;或许会用知识的钥匙,打开一扇扇封闭的心门。我们读过的书、遇见的人、走过的路,都是疗愈的药剂,慢慢治疗着过往留下的伤。

而当我们回首时,会发现那些曾让我们痛楚的过往,已变成了我们最坚韧的部分。我们用自己的故事,证明了即便是风雨中飘摇的小舟,也能扬帆远航,抵达幸福的彼岸。

在人生的长河中，每个人都是航行者，而我的好友小颖，她的船似乎总是在波涛中颠簸，尤为不易。小颖的童年，如同一幅未完成的水墨画，留白之处藏着太多的遗憾与苦涩。由于父母常年在外务工，她跟着年迈的祖父母生活，缺少父母的陪伴与关爱，那些本应无忧无虑的岁月，对她而言，却是一段段寂静无声的日子，充满了孤独与渴望。

成年后，她显得格外敏感，对别人的每一个眼神、每一句话都过分解读，生怕自己再次被忽略或遗忘。在人际关系方面，她既渴望亲近，又害怕受伤，这种矛盾让她时常感到困惑与不安。在职场上，即便成绩斐然，她也很难从中获得满足，内心深处总有声音告诉她："你做得还不够好。"

但小颖的故事并不只是哀歌，在经历了无数次自我反思与挣扎后，她开始意识到，治愈自己，是一场漫长却必要的旅程。

小颖首先学会了拥抱自己的过去，明白了童年时期给她留下的伤痕是她的一部分，但不是全部。她开始阅读心理学书籍，参加情感治愈工作坊，学习理解自己的情绪，并认识到自己的敏感与不安是不幸的童年经历导致的自然反应，而非缺陷。

她不再孤军奋战，而是主动构建了一个温暖的情感支持网络。她加入了兴趣小组，找到了志同道合的朋友，与他们分享心事、互相鼓励。在这些真诚的交流中，她逐渐感受到了被理解与被关注的温暖。

她开始投资自己，无论是学习新技能还是旅行探索，每一次的自我提升都是对过去的一种超越。小颖发现，当自己变得越来越强大时，那些童年的阴影似乎也在逐渐淡去。

如今的小颖已不再是那个被童年阴影笼罩的女孩了，她学会了如何在雨天为自己撑伞，如何在阳光下展露笑容。她的故事，是对所有经历过不幸童年的女性的鼓舞——治愈之路虽长，但每一步都值得，因为我们最终会找到属于自己的晴天。

在童年的记忆里，我像是一个误入迷雾森林的孩子，四周充满了不确定与寒冷。我的家里充斥着父母无休止的争吵。每当夜幕降临，外面的世界安静下来时，家中的"战火"就显得格外旺盛。父母的争吵声，像一把无形的锯齿，切割着我幼小的心灵，让我在梦中也无法寻得片刻安宁。

弟弟的出生，本是家中的一大喜事，却意外地将我推入了更深的孤独之渊。他仿佛自带光环，轻易吸引了所有人的注意，而我则逐渐被边缘化，成了一个隐形人。父母的偏爱如此明显，弟弟的每一个笑容都能轻易化解他们脸上的阴霾，而我的努力与成就似乎总是那么微不足道，难以在他们的心中引起半点波澜。我开始怀疑，是不是自己不够好，不值得被爱。

那些年，我学会了在角落里默默观察，学会了将自己的渴望深埋心底，学会了在无人问津的时刻自我安慰。我的童年，缺少了无忧无虑的奔跑与欢笑，取而代之的是小心翼翼的行走与无声的泪水。我在书籍中寻找慰藉，文字成了我最忠实的伙伴，它们带我逃离了现实的苦楚，让我暂时忘却了自己的不幸。

尽管如此，那段时光也在我内心深处刻下了不可磨灭的痕迹。我变得早熟，学会了察言观色，也学会了独立。这些经历虽然沉重，却也为我日后的觉醒与蜕变埋下了坚韧的种子。正是那些黯淡无光的日子，激发了我内心深处对于改变的渴望，促使我在未来的岁月中勇敢地踏上了重养自己的旅程。

我开始大量地读书，书中的知识像一股清泉，滋养着我干涸的灵魂。我参加线上课程，学习新的技能，获得的每一点进步都是对自己的肯定。

后来，我开始写作，将那些不曾对人言说的情绪倾注于笔尖，字里行间充满了我对过往的反思与对未来的期许。写作成了我与内心对话的桥梁，让我有机会重新审视那些过往的伤痕，并从中提炼出成长的力量。

重养自己，对我来说不仅仅意味着修复童年的创伤，更意味着重塑自我，培养积极的心态，将自己从以往的伤害中彻底解脱出来。我开始练习正念冥想，学习如何平静地接纳自己的不完美，如何在每一次呼吸间释放积压已久的负面情绪。

我还投身于志愿服务，帮助那些和我经历相似的孩子。在给予的同时，我也在不断地收获，孩子们纯真的笑容和对生活的乐观态度深深感染了我，让我明白，无论遭遇过什么，我都可以选择以适合自己的姿态面对世界。我尝试原谅父母，也原谅那个曾经无助的自己，因为每个人都有所背负，都有认知局限。

童年的不幸对一个人造成的创伤是深远的，不是仅凭一年甚至十年的治疗就能痊愈的，它需要用一生去治愈，但正是这份漫长的治愈之旅，铸就了我们的坚韧。正如凤凰浴火而重生，我们在自我疗愈的过程中，也学会了以更加温柔且强大的姿态来拥抱这个世界。

3

带着一身伤痕长大的人，亟须弥补童年的自己

那些在成长过程中经历了种种挑战和伤害的人，内心深处往往藏着一个未被充分关爱和呵护的童年自我。这个"带着一身伤痕长大"的形象，代表了那些在不易中坚韧成长，却也不免带着过往伤痛印记的灵魂。因此，这些人亟须弥补童年的自己，这是一个重养自己的过程——不仅是对过往缺失的补偿的过程，更是一种自我关怀与疗愈的过程，而这意味着要学会以温柔和理解的态度回望过去，给予那个曾经弱小而受伤的自己以安慰与拥抱，从而在心灵的层面上实现真正的成长。

我有个弟弟，从小时候起，他就如同家中的小太阳，总能轻易地吸引父母的目光，收获满满的关爱与宠溺。记得那是一个阳光明媚的下午，学校里举行了一场表彰大会，我和弟弟都因成绩优异而获得了奖状。我紧紧握着那张沉甸甸的奖状，心中充满了期待与喜悦，幻想着回家后父母那赞许的眼神和温暖的拥抱。

然而，现实像一盆冷水浇灭了我的热情。那晚，家中的餐桌上摆满了庆祝的佳肴，父母的笑脸如同盛开的花朵，但似乎只为弟弟一人绽放。弟弟的每一个小成就都被无限放大，而我手中的奖状，却像是一片无人问津的落叶，只换来了一句轻描

淡写的"不错,继续努力"。那一刻,我的心像被细小的针扎了一样隐隐作痛,那是我生命中第一次如此深刻地感受到性别歧视带来的刺骨寒意。

性别歧视,这个我原本以为只存在于社会新闻中的词,却在我的原生家庭中找到了生长的土壤。它不仅仅是某种社会结构的产物,更是在生活的细微之处,由每一次不经意的偏见、每一次无意识的忽视累积而成的。这让我深刻地意识到,即便是被认为最温暖、最安全的避风港——家,也可能成为性别歧视滋生的温床。

要解决这一问题,就需要家庭的觉醒与改变。父母,作为我们成长道路上的第一位引路人,应当是倡导性别平等的先行者。他们需要认识到,每个孩子都是独一无二的生命体,无论性别如何,都值得被平等对待和珍视。父母应该鼓励和支持女孩勇敢追求自己的梦想,给予她们与男孩同等的信任与机会,让她们明白,个人的价值并非由性别决定的,而是由不懈的努力和卓越的才能共同铸就的。

对于我们女孩而言,学会自我认同和自我价值的确立尤为重要。面对性别歧视,我们要勇敢地站出来,用自己的声音为自己和其他有同样遭遇的人发声。更重要的是,我们要学会自我疗愈,不让过去的伤痕定义我们的未来。我们要用自己的成就和幸福证明,性别从来不是衡量个人价值的标尺。

一个春日的午后,我静静地坐在表姐家的窗边,阳光透过稀疏的树叶,斑驳地洒在我们身上。表姐手里握着一杯早已冷却的茶,眼神却仿佛穿越了时空,回到了那个她无数次提及,却又极力想要忘记的童年。

她轻声说:"小时候,父母总是很忙,他们眼里只有事业和自己的宝贝儿子。我就像家中的影子,安静地存在着,却很少有人注意到我需要的不只是物质的满足,我还需要心灵的关怀。记得有一次,学校组织亲子活动,当我兴奋地告诉父母时,他们只是淡淡地说了句'太忙了,下次吧'。那个'下次',直到现在都没有来。"

情感忽视,是一种不易察觉却深深影响人一生的伤害。它不像身体上的伤痕那样直观,却能在心灵的土壤里悄悄生根,让一个人在成长的道路上,感到孤单与不安。与表姐类似的故事,也在我身上发生过,由此我深刻体会到,每个人都需要被看见、被听见，尤其是在最纯真的孩童时代。

　　对于该如何驱散由情感忽视带来的阴影，我和表姐一起进行了探讨，得出的结论是：通过阅读来深入理解自己内心的需求与情感缺失，接纳过去无法改变的事实，是治愈的第一步。要学会对自己说："那不是我的错，我值得被爱。"

　　我们开始尝试新事物，我喜欢上了写作，表姐则学习了绘画，我们还都练起了瑜伽，这些活动不仅丰富了我们的生活，更重要的是，让我们在每一次小小的成就中感受到了自己的价值，逐渐建立起了自信。

　　表姐还鼓起勇气，与父母进行了一次深入的交谈，表达了自己的感受和需求。虽然一开始并不顺利，但随着时间的推移，他们开始尝试互相理解并调整相处模式，虽然短时间内不能弥补过去的缺失，但家庭的氛围有了微妙的改善。

　　我们就像在生活的舞台上翩翩起舞的舞者，时而轻盈，时而蹒跚。那些童年的伤痕，就像是舞台上的小石子，不经意间就会绊我们一跤。但请记住，每一次跌倒都是为了更优雅地起身。要学会自我疗愈，用爱与理解为自己搭建一座温暖的港湾。

4

"为你好",
一把以爱"杀人"的刀

当我们满心欢喜地想要追求自己的梦想,比如去远方闯荡一番时,身边却总有人打着"为你好"的旗号,劝我们安安稳稳地待在原地。这看似饱含关爱的话语,是不是像一把锋利的刀,一点点割碎了我们的热情和勇气?

又或者,我们喜欢某种独特的穿衣风格,可总有人说"为你好,这样穿不合适",于是我们不得不放弃自己的喜好,穿上那些所谓"正常"的衣服。这时候,"为你好"是不是在抹杀我们的个性?

所以呀,姐妹们,有时候"为你好"这三个字,看似充满爱,实则可能是在以爱的名义束缚我们、伤害我们。咱们得擦亮眼睛,勇敢地坚守自己的内心,别让这把"刀"砍断我们梦想的翅膀、个性的枝丫。

阿悦,一个温婉如水的女子,自幼在父母"为你好"的庇护下成长。她的人生轨迹,仿佛是一条早已铺设好的铁轨,平稳却缺乏变数。阿悦的父母在每一个路口设下"为你好"的路标,指引着阿悦走向他们认为正确的方向。从选大学专业到选择工作,甚至是恋爱对象,无一不渗透着深沉却略显沉重的爱。

记得有一次，阿悦偷偷告诉我，她的梦想是成为一名摄影师，渴望用镜头捕捉世界的温柔与苍凉，但这份梦想很快就被"稳定的工作更适合女孩子"的话语淹没。阿悦的眼神里闪烁着无奈与妥协，那一刻，我仿佛看到她心中那片未被开发的荒野，被"为你好"的篱笆围得严严实实。

"为你好"这三个字，如同一把精致的银刀，外表光鲜亮丽，却在不经意间，割裂了阿悦与自我的联系。她开始怀疑自己的喜好，压抑自己的渴望，甚至在某个深夜，对着星空轻声问道："我还是自己吗？"

阿悦跟我倾诉了这些苦恼，我听后心中五味杂陈。爱，本该是世界上最温暖的力量，却在某些时刻成为束缚灵魂的枷锁。这让我思考，如何在爱与自我之间找到那个微妙的平衡点，让爱不再是控制自我的借口，而是真正成为促进自我成长的养分。

于是，我开始与阿悦一起探索解决之道。我们认识到，沟通是关键。阿悦鼓起勇气，与父母进行了一次深入的交流，她没有抱怨，而是用温柔而坚定的语气，分享了自己的感受与梦想。她告诉他们，真正的"为你好"，是尊重与理解，是放手让孩子去探索、去犯错、去成长。

阿悦开始尝试独立。她利用业余时间，学习摄影，参加工作坊，甚至开设了自己的社交媒体账号，分享自己的作品。每一次按下快门，都是她对自我表达的坚持，也是与"为你好"这把隐形刀的温柔对抗。

阿悦还找到了一些志同道合的朋友，构建了一个支持系统。在这样的环境中，她不再孤军奋战，而是与一群追梦的人携手同行。他们互相激励，共同成长。阿悦逐渐找回了丢失的自我。

如今，阿悦依旧温柔，但那份温柔中多了一分坚韧。她用镜头记录下生活的点点滴滴，每一张照片背后，都是她对自由与梦想的执着。她告诉我，真正的爱，是给予对方飞翔的翅膀，而不是筑起高墙。"为你好"不该是一把刀，而应是一盏灯，可以照亮对方成长的路途，让爱之花在理解和尊重中绽放。

多年前那个蝉鸣悠长的夏日，高考志愿填报的日子悄然临近，我的心却被一阵突如其来的风吹得摇摆不定。

我怀揣着对文学的无限热爱，梦想着踏入中文系的大门，与古今中外的文学大师们进行跨越时空的对话。然而，当我满怀激情地向母亲吐露心声时，她的眉头轻轻蹙起，眼神里满是对现实的考量与担忧。

"孩子，中文系固然好，但未来的路，咱们得走得稳当些。"母亲的话语虽温柔，态度却坚定，她轻轻抚摸着我的手背说："财会专业稳定且有前途，妈妈是为你好。"

那一刻，我仿佛看到了一把无形的刀，以爱之名，轻轻划过我的心房。那刀，既锋利又温柔，它切割的是我对梦想的执着，留下的却是深深的无奈与不解。我明白母亲的苦心，她是想用她的经验为我铺就一条看似平坦的道路，却未曾想过，那并非我心之所向。

夜深人静时，我独自坐在窗前，望着满天繁星，开始思考，何为真正的"为你好"？是让我遵循内心的声音，追求那个或许遥不可及却璀璨夺目的梦想，还是让我在现实的压力下，妥协于一种安稳却乏味的生活？

最终，我找到了答案。真正的爱，不应是束缚，而是引导与支持。我找到母亲，鼓起勇气，用最真挚的话语表达了我的想法："妈妈，我感激您为我考虑的一切，但人生只有一次，我想勇敢地去追求自己的梦想。财会专业固然好，但它不是我的梦想。请相信我，无论选择哪条路，我都会努力走好，不负青春。"

母亲沉默了，眼中闪过一抹复杂的情绪，随即，我从她眼里看到了理解与支持。那一刻，我感受到了前所未有的力量。

真正的爱，或许就在这一种理解与沟通之中。当我们愿意倾听彼此的心声，尊重对方的选择时，"为你好"便不再是那把以爱"杀人"的刀，而是引领我们前行的灯塔。在爱的阳光的照耀下，我们终将找到属于自己的那片天地，释放出无限的潜能。

在人生的舞台上，做自己的主角，勇敢地重养自己！不必再畏惧那些以爱为名的"隐形刀"，它们不过是成长路上的小小磨砺。爱自己，就是给予自己无限的可能，让心灵在自由与坚持中翩翩起舞，散发出自己的独特魅力与光彩。

5

精神内耗，
每天胡思乱想怎么办

我曾深陷人生的泥潭，日复一日地对着电脑屏幕，却忘记了与人交流的乐趣。心中的思绪如同缠绕的藤蔓，逐渐让我窒息。这种缺乏输出和沟通的生活让我精神内耗严重，以致每日都在胡思乱想。

终于有一天，我决定打破沉默。我开始与身边人分享我的想法，哪怕是微不足道的日常琐事。聚会时，我与亲友们谈天说地，让彼此的声音穿插在空气中。慢慢地，我发现那些纠缠在我心中的藤蔓开始松动，我的世界因为交流而变得鲜活起来。

这样的改变并不是一蹴而就的，每当我选择交流而不是沉默时，心灵的重负就会轻一些。我学会了用积极的方式面对压力，不再让精神内耗消耗我宝贵的热情。

所以，不要让忙碌蒙蔽了我们的双眼，不要因沟通的缺失而困住我们的心灵。让我们一起找回沟通的力量，驱散那些不必要的精神迷雾，活出真正的自己。

生活中，我时常遇见那些被原生家庭阴影笼罩心灵的人，我的一个朋友便是如此。她成长于一个充满争执与冷漠的家庭，父母的影子在她心里投下了难以磨灭的伤痕，这让她在成年后，依然饱受精神内耗与胡思乱想的困扰。

我见证了她如何在自我怀疑中徘徊，每一次想要展翅高飞，却总是被内心的枷锁拽回。我们谈论过无数次，我发现，承认并接纳那些过往的伤痛，是走出阴霾的第一步。她开始尝试记录心情，无论是愤怒还是悲伤，都一一倾诉于纸上，仿佛在与过去的自己对话，并慢慢学会了宽容与理解。

她自己还去寻找心灵的避风港，无论是阅读、考证还是锻炼，让身心有一处安放之地。最重要的是，她学会了建立健康的社交圈，与那些能够给予正面能量的人为伍，让爱与温暖逐渐填补内心的空缺。

时间是最好的疗愈师，如今的她，已不再是那个深陷精神内耗的"囚徒"。她的故事告诉我们，每个人都有能力重写自己的剧本，关键在于是否愿意伸出那只自救的手。

对于所有在原生家庭阴影下挣扎的女性，我想说：你的价值不是由过去定义的，而是由你如何走出过去拥抱未来所决定的。请勇敢地为自己撑起一片天，用爱与自我成长，驱散心中的阴霾。请记住，你比自己想象得更加坚强。

梅朵，我大学毕业后进入第一家公司时遇到的一个同事，是一个外表看似平静，内心却常被精神内耗与胡思乱想折磨的女子。她那敏感又追求完美的性格特质，就像是一把双刃剑，一方面让她在工作与生活中追求极致，另一方面却让她陷入无尽的自我否定与焦虑之中。

每当夜深人静时，她便开始了与自己无休止的对话。那些白天里看似微不足道的细节，到了夜晚便被她无限放大，每一个眼神、每一句话都被她反复咀嚼，直至失去了原有的味道。她总是在想，是不是刚才的发言不够完美，是不是自己的存在让别人感到了压力。这样的精神内耗，如同一只无形的手，悄无声息地掏空了她的能量。

直到有一天，梅朵遇见了一位同样敏感、追求完美却自信从容的女士。她告诉梅朵，性格的棱角不必磨平，但要学会引导自己走向光明。从她那里，梅朵学到了一些应对之道。

每天早晨，她会抽出十分钟时间进行正念冥想，专注于呼吸，让那些杂乱的思绪随风而去。这让她学会了在思绪的洪流中找到一片宁静。到了晚上，她又开始记录"理性日记",回顾一天中的想法,用旁观者的视角分析哪些是过度解读,哪些是事实。这样,她渐渐学会了区分现实与臆想,减少了无谓的精神内耗。

她开始学习接纳自己的不完美,经常对自己说:"我足够好,无须完美。"她开始学会在人际关系中设立健康的边界,不再为了迎合他人而牺牲自己的感受。这个过程虽然艰难,却让她找回了内心的平衡。

在这个快节奏的时代,我发现自己及身边的不少女性亲友和同事,都像是被一只无形的手推着,不断地奔跑,不敢停歇。

我有一个堂妹,她是那种总是把笑容挂在脸上的人,但有一天,她突然告诉我,她晚上经常失眠,脑子里像是有台机器在不停地运转,各种想法、担忧、计划交织在一起,让她感到无比疲惫。

我意识到,这是压力过大造成的精神内耗与胡思乱想。于是,在我的建议下,她开始尝试一些方法,比如冥想、练瑜伽,让自己的心静下来。她还要求自己,每周至少有一天,什么都不做,只是放空自己,享受那份难得的宁静。

现在,我的堂妹已经走出了那个阶段。她也明白,生活不需要那么紧绷,给自己留点空间、留点时间,是非常重要的。

精神内耗,是心灵的暗流,却也是成长的催化剂。它迫使我们在自我反思中找寻出口,学会与自己和解。重养自己,即于风暴中播种希望,用爱与勇气灌溉内心,使自我成长于细微处着力。正念冥想、理性反思、与人沟通,是我们的武器,助我们穿越迷雾,发现内在力量与生命之美。我们的每一次重养,都是向阳重生,向着美好与幸福,坚定前行。

6

你在意什么，
什么就在折磨你

姐妹们，"你在意什么，什么就在折磨你"这句话简直就是生活的真相啊！就像我们心心念念想要瘦成"一道闪电"，可体重秤上的数字就像个小恶魔，时刻折磨着我们的小心肝。再比如，我们在意那个心仪的他有没有回消息，每一秒的等待都是煎熬。我们越是在意一件事，它就越像个调皮鬼，揪着我们的心不放。所以呀，别让那些在意的事儿太"嚣张"，我们要活得洒脱，不被它们轻易折磨！

我认识一个毕业后参加工作不久的女生阿珍，她一直特别在意别人对她的看法，尤其是在工作中。每次有新的项目，她都战战兢兢，生怕自己因做得不够完美而被同事或者上司批评。她会因为别人一句不经意的评价而纠结好多天，反复琢磨自己是不是真的做得不好。结果呢，她越来越焦虑，工作效率也受到了影响，整个人都变得疲惫不堪。

其实啊，我们往往过于在意别人的看法，赋予了它太多的意义和价值。就像阿珍，她把别人的看法当成了衡量自己价值的唯一标准，所以被折磨得心力交瘁。

那该怎么办呢？我告诉阿珍，首先要学会正视自己的价值。我们每个人都是独特的，不能仅仅因为别人的几句话就否定自己。然后，要试着把注意力更多地放在自己的成长和进步上，而不是别人的评价上。每次完成一项工作，要给自己一个客观的评价，找出优点和不足，并不断改进。还有很重要的一点，就是要学会放松。工作之余，可以去做一些自己喜欢的事情，转移一下注意力，别让工作中的烦恼一直占据着心灵。

生活中总会有这样那样让我们在意的事情，但别让它们成为折磨我们的枷锁。让我们学会调整心态，用一颗平和、坚定的心去面对，这样我们就能过得更加自在、快乐。

记得有一次，公司举办年度汇报大会，我作为部门的代表，被赋予了在那耀眼的舞台上发言的重任。从那一刻起，我的世界便围绕这场即将到来的汇报旋转，日常的一切似乎都为演讲稿的白纸黑字所覆盖。

在无数个夜晚，台灯成了我最忠实的伴侣，它不只照亮了密密麻麻的文字，更点燃了我心中那团燃烧的火焰——对完美的不懈追求。我不仅字斟句酌，修正每一个标点，还精心设计每一个手势和表情，力求在台上的每一秒都尽善尽美。镜子前的我，仿佛一个演员，反复排练着同一出戏。直到深夜，进入梦乡的我依旧延续着未竟的演出，台下的观众在梦的迷雾中时隐时现，他们的眼神，既是鼓励也是考验。

终于，那个决定性的日子到了，空气中弥漫着紧张而又期待的氛围。我站在后台，心跳如鼓，每一次脉动似乎都在提醒我这一刻的重要性。当幕布缓缓拉开时，我踏上了那光与影交织的舞台，数百双眼睛瞬间聚焦，它们像是一颗颗微缩的太阳，汇聚成一片灼热的光海，让我感到一种前所未有的压迫。那一刻，我恍若置身于另一个时空，那些背得滚瓜烂熟的词句，在这突如其来的重压之下，竟变得支离破碎，像是遗落在沙滩上的珍珠，无法串连成完整的项链。

"你在意什么，什么就在折磨你。"这句话在那一刻不再是书页上的铅字，而是化作了一股清晰而强烈的感受，直击我的灵魂。我意识到，长久以来，我过于在意他人的目光，过于追求那虚无缥缈的完美形象，以至于忘记了演讲的初衷——分享、启发、连接。那些汇聚的目光，此刻仿佛一座无形的大山，沉甸甸地压在我的心头，让我几乎喘不过气来。

但就在我几乎要被这份重压吞噬时，一股内在的力量悄然觉醒。我闭上眼睛，深吸一口气，尝试着让自己从这无形的束缚中挣脱。我告诉自己，每个人都有瑕疵，真实才是最动人的力量。当我重新睁开眼时，虽然声音仍有些颤抖，但是我开始用最真诚的话语，讲述那些不完美却充满温度的故事。那一刻，我学会了在在意与释放之间找到平衡、在折磨中寻得成长的契机。

那场汇报，最终成为我人生中的一课，它教会我，真正的力量不在于无懈可击的表现，而在于敢于面对自己的脆弱，敢于在众人面前展示真实的自我。

我学会了在在意与释放之间找到平衡，让心灵的舞步更加轻盈而自在。我开始拥抱每一个不完美的瞬间，视之为生命画卷上不可或缺的色彩，它们共同绘就了我独特而丰富的个性。我不再追求成为他人眼中的完美模具，而是成了自己故事的书写者，每一笔都饱含情感与力量。

我学会了用温柔的目光审视自己，学会了在每一个清晨醒来时，对着镜中的自己微笑，说一声："今天，你只需做最好的自己。"这种转变，如同春日里温暖的阳光融化了冬日的冰雪，让心田绽放出希望的花朵。我开始享受工作与生活中的每一刻，即便是挑战与困难，也是成长的礼物，是通往更加坚韧与明智的桥梁。

"你在意什么，什么就在折磨你"，这句话提醒我们，每一次心灵的挣扎与蜕变，都是灵魂深处的觉醒，是自我成长的里程碑。它让我们开始懂得，生命的价值并非取决于外界的评价，而是源自内心深处的自我认同与接纳。

7

爱而不得的东西太多，要学会释怀

我们的心灵花园里，种满了梦想的种子，每一粒都承载着对爱情、事业乃至世间万物美好的渴望。然而，不是每一粒种子都能在春天里发芽，有时，我们得学会与"爱而不得"这份生命的酸涩共舞。

也许你有过这样的经历：你站在琳琅满目的甜品橱窗前，手指轻轻划过玻璃，每一样甜品都诱人至极，但你的胃只有一个，怎能尝尽所有？这时，不妨优雅一笑，对那些未能入口的甜品说声"下次见"。生活亦是如此，面对那些未能拥有的爱与梦想，我们也要学会这份豁达——不是放弃，而是暂时的放手，给心灵留一块空间，去品味已握在手中的幸福。

释怀，就像是让心灵做个深呼吸，让那些因得不到而产生的忧愁随风而去。这不是懦弱，而是智慧，是一种知道自己值得更好的生活态度。正如衣橱里总少那么一件最好看的衣服，书架上总缺一本最有趣的书，生命因这份不完美而愈发让人想要一探究竟。学会释怀，是给自己一个机会，去遇见下一个转角的惊喜，或是去探索内心深处未曾触及的风景。

当我们爱而不得时，不妨轻摇杯中的红酒，对月浅笑，告诉自己："世间美好千万种，我心自有一片海，容得下所有的云淡风轻。"这样的心态，让我们的每一步都走得更加从容、更加精彩。

我在学生时代有一个梦想，就是在大学里教书。然而，生活总爱开玩笑，我最终并未能如愿以偿地成为一名大学教师。

那时，我为了这个目标付出了太多努力，每一个夜晚都埋首于书海，每一份简历都精心雕琢。但命运似乎另有安排，我一次次地参加面试，却一次次地被拒。那一段时间里，我的心仿佛被重锤所击，所有的梦想和期待都化为泡影。

我开始质疑自己，是不是我真的不够好？是不是我永远都无法触及那个我梦寐以求的舞台？那一段时间里，我陷入深深的自我怀疑和痛苦之中。

然而，时间是一剂良药。它让我逐渐明白，生命中的爱而不得其实是一种常态。我们每个人都有自己的遗憾，但这并不意味着我们的生命就此黯淡无光。我开始尝试放下，学会接受生活给予我的一切，无论是甜蜜还是苦涩。

如今，我在另一片天地里找到了自己的舞台。我用笔书写生活，用文字温暖人心。我发现，原来释怀并不是放弃，而是以一种更宽广的心态去拥抱生活，去珍惜每一个当下。

爱而不得的东西有很多，但我们不能因此就停滞不前。学会释怀，是成长的必修课。因为只有这样，我们才能腾出双手，去拥抱那些真正属于我们的事物。生命中的每一次错过，都是为了更好的遇见。

我记得，我的堂妹曾经深深地喜欢过一个男孩，那是她青春里最耀眼的一抹色彩。她总是笑眯眯地提起他，眼里闪烁着期待的光芒。可是，爱情不是一场公平的竞赛，她倒追了许久，却始终没能得到那个男孩的心。

那时候，她常常来找我哭诉，说她就是放不下。我看着她，很是心疼。但我也明白，有些事情不是努力就能有结果的。随着时间一天天过去，她终于释怀了。她告诉我，原来放手，也是一种爱自己的方式。

后来，她遇到了现在的丈夫。他温柔、体贴，把她宠得像个小公主。他们有一对可爱的儿女，生活得幸福美满。每当提起过去，她总是笑笑说："那时候的我，真是太傻了。幸好，我释怀了，否则怎么能遇到这么好的他呢？"

看着她现在的生活，我也明白了许多。人生中，总会有爱而不得的东西，如果我们都紧紧抓住不放，那只会让自己更加痛苦。有时候，释怀不是一种放弃，而是一种成长。它让我们学会放下过去的遗憾和伤痛，用更加宽广的胸怀去拥抱未来的幸福。

我曾经有个同事，当她得知自己所在部门的主管将在两个月后离职时，她渴望自己成为新的主管。于是，每天她都是最早到公司、最晚离开公司的人，她的努力，我们每个人都看在眼里。然而，尽管她如此拼命，最终仍与主管的职位擦肩而过。老板新招了一个主管，论业务能力，她自叹不如。有那么一段时间，她真的很难过，觉得自己所有的付出都白费了。

但生活总是充满了意想不到的转折，在一次偶然的机会下，她接触到了配音，那个世界仿佛为她打开了一扇全新的大门。她开始尝试，发现这不仅仅是她的爱好，更是她心灵的慰藉。在配音的世界里，她找到了自我，找到了快乐。

慢慢地，她学会了释怀，安慰自己：位高责任也重，做个普通员工，不用操那么多心，业余时间还能做自己喜欢的事。她不再为晋升而焦虑，反而更加享受现在的工作，因为心态的转变，她在工作中也更加得心应手。

这个同事的转变，也让我深有感触。面对生活中很多爱而不得的东西，我们一定要学会释怀，学会珍惜眼前的人和事。因为，有的时候，放下那些执念，我们才能找到真正的自我。

8

痛苦的根源：
无法接受已发生的事

在生活的织锦上，难免会有错落的线头，它们或是遗憾的片段，或是未竟的梦想，让我们难以忘怀。

如果生活是一幅画，那么这些让我们难以忘怀的事，便是画布上不经意滴落的墨渍。起初，我们或许会懊恼，会试图将其擦去，却发现它已然融入画面，成为不可分割的一部分。但艺术的魅力不就在于这种不完美吗？同样，生命往往因为那些"不完美"的褶皱而丰富。

因此，我们应学着换一种眼光，把那些无法接受的事情，当作生命给予的独特文身。它们提醒我们，每一次心痛，都是灵魂深处成长的痕迹。正如断臂的维纳斯，因为那份缺失，才成就了其独特的美。当我们开始接纳那些痛苦时，它们便化作心灵花园里最为坚韧也最为芬芳的花朵。

我昔日的女同事跟我约在她家里见面，她是一位曾以笑容点亮整个办公室的明媚女子。有段时间，她的眼眸里藏着一抹不易察觉的忧郁，她告诉了我她的遭遇。

她轻启朱唇，缓缓述说那段痛苦的过往。她的婚姻，曾是朋友圈中的佳话，她与丈夫如同电影里的浪漫主角那般相知相守，直到那不期而至的风暴，将一切美好撕碎。丈夫的出轨，如同一场突如其来的暴风雨，无情地冲刷着她精心构筑的幸福城堡，留下一片狼藉。

起初，她无法接受，那个曾经许诺与她携手共度余生的人，怎么能在平淡的日常中偏离了航道。她挣扎、不愿相信，甚至试图以加倍的爱意挽回，但最终她明白了，破碎的信任，如同打碎的瓷器，再也无法完好如初。离婚，成了她不得不面对的现实，而这份痛苦成了她夜夜难眠的根源。

"痛苦，源于对过去美好的不舍，以及对现实残酷的抵抗。"她轻声说，眼神中既有释然也有不甘。在经历了无数个自我拷问的夜晚后，她开始了一段自我救赎的旅程。

她学会了与自己和解，接受生活给予的所有，包括那些不完美和伤痛。她开始练习冥想，让心灵在每一次深呼吸中找到平静，学会了在孤独中寻找力量。

她重塑了自我价值。从前她把前夫当成她的避风港，现在工作成了她的避风港。她将满腔的热情投入到工作中，那些曾经因家庭而搁置的晋升机会，现在被她紧紧抓住。她用自己的才华和努力，赢得了职场的认可，证明了自己的价值。

她还学会了宽恕。宽恕，不仅是为了放过对方，更是为了释放自己。她意识到，每个人都有自己的选择和命运，她选择放下怨恨，用理解和宽容为这段关系画上句号，也为自己的心灵松绑。

她告诉我，痛苦是生命中不可避免的章节，但如何翻篇，却由我们自己选择。我们无法改变已经发生的事，但可以选择如何面对它，如何在废墟之上重建自己的伊甸园。

在窗口柔和的光线中，我看见她眼中闪烁着不一样的光芒，那是经历风雨后，更加坚韧和自信的光。她用亲身经历告诉我们，痛苦虽深，但成长的花朵却在其中悄然绽放，只要愿意接受、愿意改变，就能在生命的画布上绘出更加绚烂的色彩。

我的朋友，苏晓，一个总是带着温暖笑容、眼中闪烁着不灭星光的女子，曾毅然决然地告别了朝九晚五的安稳工作，用她辛勤积攒的钱，圆了一个花店梦。

苏晓的花店，如同她本人一般，充满了诗意与浪漫。每一束花，都被她赋予了独特的灵魂，讲述着不为人知的故事。然而，世事无常，突如其来的新冠疫情，像是一场不期而至的暴风雨，无情地冲击着这朵初绽的梦想之花。最终，花店的大门缓缓合上。

面对失败，苏晓的世界仿佛一夜之间失去了色彩。她无法接受，痛苦像一张无形的网紧紧束缚着她，让她难以呼吸。

听她在电话里倒完苦水，我缓缓对她说："苏晓，人生啊，就像一杯咖啡，苦与甜交织，才是它最真实的味道。我们无法预知未来，更无法改变已经发生的事，但我们可以选择如何面对。接受并不意味着放弃，而是另一种形式的勇敢。它让我们学会放下，从而拥有重新拥抱生活的力量。"

如今，苏晓已不再是那个被痛苦困住的女子。她开设了一门线上花艺课程，用她的专业知识与丰富经验，帮助更多人发现生活中的美好。她的笑容依旧温暖，眼中重新有了星光，那是对生活无尽的热爱与期待。

生活中的痛苦就像路上的荆棘，难免会刺伤我们。但别怕，这正是重养自己的契机。无论是婚姻的破碎，还是梦想的夭折，接受过去，就是给自己一个重新成长的机会。让我们像呵护花朵一样滋养自己的心灵，用勇气和智慧为自己披上坚韧的铠甲，放下过去的包袱，在新的旅程中散发光芒吧。记住，每一次痛苦都是蜕变的前奏，只要我们愿意，就能在生活的舞台上，演绎出属于自己的精彩剧目。

第二章

历经风霜的心灵，
需要开启一场重养之旅

▼

面对职场打压、童年霸凌、自卑起点、全职妈妈的困境、人生挫败或重要之人的伤害，每个人心中都有需要被重养的角落。是时候按下重启键，给自己关爱与滋养，重燃内心的光芒，活出更加坚韧与精彩的自我了。

1

受到重要之人的伤害时，
你需要给心灵做一次 SPA

亲爱的，你知道吗？在 18 岁之前，我们的心灵就像一块正在雕琢的玉，而父母、朋友这些重要之人就像是雕刻师。他们的一言一行，都会在我们的心灵上留下深深的痕迹。有时候，这些痕迹是美丽的花纹，让我们的心灵更加丰富；有时候，这些痕迹却是深深的伤痕，让我们的心灵布满裂痕。

当你受到重要之人的伤害而无法反抗时，你的内心往往充满了无力感和恐惧。你可能会觉得自己不够好，不值得被爱，甚至可能会对自己的价值产生怀疑。但是，亲爱的，这并不是你的错。你只是遇到了一些不够好的雕刻师，他们在你的心灵上留下了伤痕。

所以，你需要重养自己一次，给心灵做一次 SPA，让那些伤痕慢慢愈合，让心灵重新焕发光彩。你需要学会爱自己、接纳自己，告诉自己："我值得被爱，我值得拥有美好的生活。"只有这样，你才能真正地走出过去的阴影，迎接属于你的灿烂未来。

在我童年的记忆里，有一幅画面总是带着淡淡的忧伤。那是一个黄昏，夕阳把窗棂切割成一块块金色的碎片,洒在我和弟弟的身上。妈妈从外面回来,手里拿着一辆崭新的小汽车,那是给弟弟的礼物,而我要的蝴蝶结,她以忘了为借口搪塞过去。

我看着弟弟兴奋地玩着新汽车,心中涌起一股难以名状的情绪。那是一种被忽视的痛,细小却深刻。那时的我,还不懂得如何为自己的情感发声,只是默默地接受了这份不公。

但现在,当我以成熟的心智回望那段时光时,我明白了,那些看似微不足道的瞬间,其实已在我成长的岁月里生根发芽,让我学会了隐忍和退让,却也逐渐失去了为自己争取利益的勇气和力量。

直到有一天,我开始意识到,每一个生命都值得被平等对待,尤其是自己。我意识到,那些来自重要之人的有心或无心的伤害,对我产生了深远的影响。而真正的疗愈,不是等待他们的道歉,也不是沉溺于过去的伤痛,而是学会重新养育自己一次——用一种全新的、充满爱的方式。

我开始尝试着给自己那些曾经缺失的关怀:在每一个清晨,为自己准备一份营养丰富的早餐;在疲惫的夜晚,泡一杯温热的牛奶,读一本喜欢的书,让心灵得到滋养。我学会了倾听内心的声音,给自己无条件的支持与鼓励。我告诉自己,即便世界有时显得冷漠,我也要成为自己最坚实的依靠。

这个过程,就像是在心中种下了一朵花,需要耐心地浇灌,直到它绽放。我开始明白,真正的强大,并不是对外界的无畏抗争,而是有能力治愈自己,让自己在任何境遇下都能散发光芒。

如今,当我再次回望那段往事时,心中已没有了怨恨,只剩下对生活的感激。因为正是那些经历,让我学会了如何更加温柔地对待自己,如何在受伤之后优雅地站起来,继续前行。每一次自我重养的过程,都是一场美丽的蜕变,它让我更加坚韧,也更加懂得爱的真谛。

演员金靖在一次节目中谈到她与爸爸之间的一段对话,引起了许多人的共鸣,冲上了热搜。

金靖为了减肥在家里跳绳,当时她男朋友也在场,她爸爸指着她的大腿说:

"你的腿是不是比你男朋友的腿还要粗?"

这话实在太扎心了,眼泪顿时在金靖眼眶里打转,她难过地问:"爸爸,你知道为什么我成不了谷爱凌吗?"

爸爸一时愣住了。

金靖解释说:"因为谷爱凌的妈妈从来不会指着自己女儿的大腿说,是不是比一个男人的腿都粗。"

原以为这话能引起爸爸的反思,不料爸爸却问:"这话谷爱凌什么时候讲的?"

金靖说:"谷爱凌在采访里讲的,她妈妈永远给她足够多的自信。"

爸爸立即回道:"谷爱凌妈妈讲谷爱凌不好的时候,谷爱凌会在采访里说吗?"

这下把伶牙俐齿的金靖彻底整无语了。

我常常想,这世间有多少心灵,就这样被重要之人不经意间悄然伤害,却又无力反抗?我们总以为时间是治愈一切的良药,但那些心灵上的创伤,若不加以呵护,只会渐渐恶化,直至成为生命中难以承受之重。

受到重要之人的伤害而无法反抗的人,需要重养自己一次。这不仅仅是对身体的滋养,更是对心灵的深度疗愈。它意味着,我们要像对待一朵受伤的花一样,给予自己无限的温柔与耐心,用爱去浇灌那些干涸的心田。

或许,这需要我们学会自我对话,倾听内心的声音;或许,这需要我们寻找新的激情,重启梦想的航程;又或许,这只是简单地给自己一个拥抱,告诉自己:"你值得被爱,你的存在本身就是一种美好。"

在这个过程中,我们会发现,真正的力量不在于能够对抗外界的冷漠,而在于学会如何温柔地对待自己,如何在风雨之后,依然散发出最灿烂的光芒。因为每一个生命都值得被这个世界温柔以待,包括我们自己。

每个人都是一朵浪花,我们在波涛中起伏,偶尔也会被风浪击打得遍体鳞伤。但请记住,亲爱的,我们拥有最细腻的情感,也拥有最坚韧的力量。正如那古老的陶罐,经由匠人的巧手重修后,裂痕处就会展现出金缮之美,我们的灵魂亦能在自我重养后,发出更加耀眼的光芒。

2

小时候被霸凌的人，亟须一场自我疗愈

小时候被霸凌，就像是心灵上的一场暴风雨，留下了满目疮痍。但别怕，亲爱的，我们有魔法，那就是时间的治愈和自我的重建。

想象一下，你是一位园丁，而心灵是一片荒芜的花园。现在，让我们拿起铲子，种下自信的种子，用勇气的泉水浇灌它，用爱的阳光照耀它，看着它破土而出，茁壮成长，最终开出坚强和自尊的花朵。通过重养自己，我们在"废墟"上重建一个更加美丽、更加强大的自己。

所以，拿起你的魔法棒，让我们一起施展重生的魔法吧！

在我童年的记忆中，有一段时光是被阴影笼罩的。那时，我因为着装土、成绩好，成了学校里一个女同学霸凌的对象。她家境不错，成绩却很差。她与几个追随她的女同学给我起了各种难听的绰号，甚至在课间休息时，她们会故意把我的书包扔到操场的另一边，看我慌忙地跑来跑去捡回它。

有一次，我被她们几个女同学围在了教室的角落里。她们嘲笑我的衣服过时，指责我成绩好就瞧不起人。我感到了前所未有的羞辱和无助，眼泪在眼眶里打转，

但我强忍着不让它流下来。我害怕一旦哭泣，会引来更多的嘲笑和侮辱。

我至今还记得她那嘲讽的眼神。一次，她伸出手，把我桌上的文具一件件扔到地上，然后踩在脚下。我看着那些文具——那是我姑妈送给我的生日礼物，每一件都承载着她对我的爱和期望。我的心像被撕裂了一样，但我只能紧紧地咬着嘴唇，不敢发出一点声音。

那一刻，我感到自己仿佛被整个世界遗弃了。我多么希望有人能站出来，为我说话，给我一点支持。但周围的同学只是冷漠地看着，没有人愿意伸出援手。父母偏爱的是弟弟，所以，我也不敢跟他们说。

这些童年的阴影，如同一片片乌云，遮蔽了我心灵的天空。它们让我在成长的道路上变得畏缩不前，自我怀疑。我害怕与人交往，害怕表达自己，甚至害怕在人群中停留。每当我尝试与人交流时，那些嘲笑和侮辱的记忆就会像潮水一样涌来，将我淹没，让我退缩。

随着年岁的增长，我逐渐意识到，我不能让自己永远活在过去的阴影中。我需要重养自己，就像一位园丁，精心培育那些被暴风雨摧残的幼苗，让它们重新焕发生机。

而要想摆脱过去的阴影，我首先要学会宽恕——不仅宽恕那些曾经伤害过我的人，更要宽恕那个曾经懦弱的自己。我开始尝试正面面对那些痛苦的记忆，不再逃避，而是勇敢地去理解它们。

我参加了各种兴趣小组和社交活动，哪怕最初只是作为旁观者。我学会了识别和表达自己的情绪，不再压抑自己。通过阅读心理学书籍、参加工作坊，我学会了更有效的沟通技巧和处理负面情绪的方法，比如深呼吸、正念练习等。我逐渐从童年的阴影中走出，学会了如何爱自己。

我参加公益活动时，认识了一位名叫小悠的姐妹，她的故事像是一首低吟浅唱的歌，旋律中带着一丝不易察觉的忧伤，她有着与我类似的遭遇，因此我们一见如故。

小悠的童年并不如诗画般美好，反而充斥着校园霸凌的阴影。那些年，她像是一只被风吹走的纸鹤，脆弱而无助。

小悠记忆中最深刻的画面，是放学后空旷的操场，阳光斜斜地洒在老旧的篮球架上，她独自一人，低着头，书包的背带被拽得歪斜，自己也险些摔倒，周围是三个趾高气扬的身影，她们的话语像锋利的冰锥，一次次刺入她的心房。

小悠的眼泪，常常在无人看见的角落里静静流淌，她回家之后不敢说，怕父母责骂自己软弱；她也不敢告诉老师，怕遭到更严重的霸凌。在那段日子里，她的世界仿佛被乌云笼罩，连笑容都带着勉强。

岁月流转，成年后的小悠，虽然心中仍残留着童年的伤痕，但她选择了一条自我重养的道路。

她首先选择了心理咨询，那是她迈向自我治愈的第一步。在咨询室温暖的灯光下，小悠缓缓打开了尘封的记忆，每一次倾诉都像是从心里拔除一根刺，疼痛却释然。专业的指导帮助她认识到，当年的霸凌并非她的错，她学会了宽恕——既是对那些年幼无知的孩子，也是对自己。

书籍成了她的避风港，小悠沉浸在一个个故事中，从中汲取力量和勇气。《简·爱》一书让她明白，自尊和独立是何等宝贵。文字构建的世界，一点点修复了她内心的裂痕，使她逐渐坚强起来。

此外，小悠还投身于公益活动，尤其是关注青少年心理健康和反霸凌的公益活动。在帮助他人的过程中，她发现了自己的价值，曾经的受害者身份渐渐淡去，取而代之的是一种给予者的力量。她用自己的经历鼓励那些同样受过伤害的孩子，告诉他们，黑暗总会过去，光明一定会到来。

亲爱的姐妹们，让我们像凤凰般浴火重生，用爱与勇气重建心灵的花园吧。每一次伤痛都是成长的养分，每一次挑战都是重养的契机。让我们在自我重养的过程中，抚平曾经的伤痛，走出过去的阴影，优雅而坚韧地活出精彩人生！

3

输在起跑线上没有关系，关键是要赢在转折点上

如今的社会到处都在内卷，我们总能听到"起跑线"的论调，好像在人生的赛道上，有的人生来就踩着风火轮，而有的人却穿着沉重的铁鞋。但是，生命这场马拉松，真正的精彩不在于起点，而在于沿途的风景和抵达终点时的笑容。如果你曾觉得自己输在了起跑线上，或是在自卑的阴影下徘徊，那么，是时候按下重启键，给自己一个重养自己的机会了。

你是一朵晚开的花，不急于在春寒料峭时争艳，而是应该在盛夏的阳光下，以自己独有的节奏绽放，那份迟来的美丽，反而更加引人注目。重养自己，就是学会欣赏自己的这种节奏，不与他人比较，专注于自己的成长。

拿起书本，让知识的光芒照亮内心的小角落；踏上旅程，让世界的广阔洗刷心灵的尘埃；尝试新事物，每一次小小的突破都是对自我的肯定。在自卑的土壤上，也能开出自信的花，因为每个人的价值不在于起跑线的位置，而在于如何跑完这场人生的马拉松。

所以，别怕，让我们一起重养自己，把曾经的"输在起跑线"变成"赢在转折点"，让生命之花在最适合的季节灿烂盛开。

这一生我们会遇到很多人，其中许多人都会淡出我们的记忆，然而，有些人会时常在我们的记忆里浮现。小桐，就是一个我时常想起的朋友。她是一个曾经输在起跑线上，却用坚韧和勇气重养自己，最终散发出耀眼光芒的女子。

小桐的故事，像是一幅细腻的画卷，缓缓在我心头展开。记得初见她时，是在一个春日的午后，阳光透过树叶的缝隙，斑驳地洒在她瘦弱的肩膀上。她的眼神里藏着一种难以言喻的忧郁，步伐也显得格外沉重，仿佛背负着什么东西。

小桐出生在一个普通的家庭，没有显赫的背景，也没有令人瞩目的天赋。从小，她就因为家境平凡、成绩不拔尖而被同龄人轻视。那些"你不行""你比不上别人"的声音，如同夏日午后突如其来的冰雹，无情地砸在她的心上，又像是一把把锋利的小刀，一点点割裂了她的自信。

她觉得自己就像是一只丑小鸭，站在一群光鲜亮丽的天鹅之中，显得格外突兀和不合群。她变得沉默寡言，总是躲在人群的边缘，害怕被人注意到，更害怕被人嘲笑。她感觉自己仿佛置身于一场无形的跑步比赛中，起跑时就已经落在别人后面许多了。那份自卑感如影随形，无论她走到哪里，都让她像是背负着一块沉重的石头，压得她喘不过气来。她渴望被理解，渴望被接纳，但更多的是，她渴望能够找到一种力量，让自己从这片阴影中走出来。

然而，生活总是充满了转机。有一次，我陪小桐漫步在郊外的小道上，她突然停下脚步，指着不远处的一株小草对我说："你看，这株草长在石缝里，环境这么恶劣，可它还是努力生长，甚至比旁边的草还要绿。"那一刻，我仿佛看到了她心中的某种觉醒。是的，即使输在了起跑线上，也不意味着不能拥有自己的春天。

从那以后，小桐开始了她的重养之旅。她首先学会了正视自己的不足，不再逃避，也不再自责。她明白，每个人的成长节奏都是不同的，比较只会让自己更加迷茫。于是，她给自己制定了小目标，每天进步一点点，无论是学习新技能、阅读一本书，还是简单地学会一个妆容，都是她对自己的肯定。

更重要的是，她学会了自我疗愈。遇到挫折时，她不再选择沉默和压抑，而是学会了倾诉，找朋友聊天，或者写下心情日记。她还爱上了跑步，汗水滑落脸庞的那一刻，她感到前所未有的释放和自由。她懂得了真正的强大不是从不失败，而是在每次跌倒后都能勇敢地站起来。

随着时间的推移，小桐的变化令人惊喜。她的眼神变得坚定而明亮，笑容也更加灿烂。她不仅在工作上取得了显著的进步，还成为身边人的小太阳，用自己的经历鼓励着每一个在困境中挣扎的人。

小桐的故事让我认识到，输在起跑线上并不可怕，自卑也不是终点。关键在于，我们是否愿意给自己一次重养自己的机会，用爱、耐心和努力去滋养那个曾经受伤的灵魂。每个人的生命都有无限可能，只要我们敢于面对、勇于改变，终将在属于自己的舞台上，散发别具一格的光彩。

输在起跑线上，其实是一个伪命题。人生的赛道漫长而曲折，起点固然重要，但决定最终胜负的往往是途中的坚持与努力。就像一场马拉松，开始时的节奏快慢，并不能预示终点处的胜负归属。真正让人落后的，不是起点的差距，而是中途的放弃和懈怠。

在现实生活中，有许多例子证明了这一点。比如，J.K.罗琳，她在创作《哈利·波特》系列之前，曾是一个单身母亲，生活困顿。她的起点并不高，甚至可以说是输在了起跑线上。但她凭借对写作的热爱和不懈的努力，最终创作出了这部享誉全球的作品。

每个人都有自己的节奏和步伐，有的人一开始就冲在前面，有的人则需要更多的时间来找到自己的节奏。但不论起点如何，每个人都有机会在自己的赛道上散发光彩。关键在于，我们是否愿意持续努力，是否敢于面对挑战，是否能在跌倒后重新站起来。

因此，不要被"输在起跑线上"的观念束缚。人生的价值，不在于起点的优劣，而在于我们如何把握每一个当下，如何勇敢地迈向未来。

4

不要被全职妈妈的角色框住了，要做自己的女王

这世上有一种"职业"，叫全职妈妈。也许你就是这样的人，每天从早忙到晚，像一只勤劳的蜜蜂，不停地为家庭奔波劳碌。即便如此，你的努力似乎并没有得到应有的认可。面对你的付出，老公经常挑三拣四，婆婆则时不时地指手画脚，就连最亲近的妈妈有时也会觉得主要是你的问题。这样的日子，让人看不到希望。

然而，不要忘了，你是独立而美丽的个体，你的价值远远不止于此。是时候为自己按下暂停键，重养自己一次了。

无论外界如何喧嚣，你都有权利选择听从内心的声音，过上真正属于自己的生活。到那时，你会发现自己不仅更加坚强，而且更加光彩照人。

所以，不要害怕开始这场旅程。重养自己，不是为了改变别人的眼光，而是为了遇见更好的自己。

阿晶曾是一个满眼星辰的女子，对世界充满了好奇与热爱。然而，生活的琐碎如同细沙，悄无声息地磨砺着她的棱角，渐渐地，那些星辰似乎被尘埃掩盖，失去了往日的光芒。

作为全职妈妈，阿晶的生活轨迹似乎已经被设定好了：结婚、生子、照顾家庭。她的日子在家务和育儿中循环往复，那些曾经的梦想和激情，仿佛被时光的洪流冲刷得一干二净。

在外人看来，阿晶拥有一个幸福的家庭，老公事业有成，孩子聪明可爱。实际上，她的内心世界却是一片荒芜。老公无意间的冷落和挑剔如同冬日里的寒风，虽然无声，却刺骨。他常常因为一些小事对她冷嘲热讽，让她觉得自己在这个家里是一个多余的存在。

而婆婆的指责更是让阿晶感到窒息。婆婆总是对她指手画脚，无论她做什么都不满意。阿晶试图忍让，但婆婆的挑剔和苛责却像无处不在的阴霾，让她无法逃脱。

最让人心痛的是，连妈妈也不理解她。每当阿晶向妈妈诉说自己的委屈和辛苦时，妈妈总是认为她的牺牲是理所当然的。"女人嘛，不就是要为家庭付出吗？"妈妈的话像一把锋利的刀，深深地刺痛了阿晶的心。

在这样的环境下，阿晶感到自己仿佛被囚禁在一个无形的牢笼里。她渴望自由，渴望被理解，渴望有人能走进她的内心世界，看看那片荒芜的土地上是否还能开出希望之花。但她发现，当所有人都习惯了你的付出时，你的付出就变得理所当然，甚至可以被轻易忽视。她的心中渐渐生出了一丝不甘，并产生了一种想要重新找回自己的冲动。

于是，阿晶开始了一场悄无声息的"革命"。她首先从厨房开始，那个是她的战场也是牢笼的地方。她不再只是满足于做出一桌可口的饭菜，而是开始学习烘焙，让那些平凡的面粉、糖、黄油，经她的手变化成一个个精致的甜品。每当夜深人静，家中其他人都沉浸于梦乡时，她便在厨房的灯光下，用心制作每一个甜品，仿佛是在雕琢自己的梦想。

接着，阿晶报了一个瑜伽班，这是她为自己寻找的另一片天地。在瑜伽的呼吸与伸展中，她找到了内心的平静与力量。汗水滑落的瞬间，她仿佛感受到自己的灵魂在一点点苏醒。那些被日常琐碎压抑的情感，在这里得到了释放。瑜伽不仅塑造了她的身体，更重塑了她的心灵，让她学会了如何与自己和解，如何在繁忙的生活中找到片刻的宁静。

更重要的是，阿晶开始重新审视自己与家人的关系。她不再默默承受，而是学会了沟通，学会了表达自己的感受和需求。她告诉老公，她也需要被尊重和理解；她向婆婆展示，即使做全职妈妈，她也有追求自己兴趣的权利；她妈妈则在一次长谈中，明白了女儿心中的那份不甘与渴望。

阿晶的故事，是一段关于自我救赎的旅程。她用自己的经历告诉我，每一个全职妈妈都不应该被定义为生活的附属品，她们有权利，也有能力去追求自己的梦想，活出真实的自我。而这一切的开始，就是勇敢地迈出那一步，重养自己一次。

无论外界如何混乱，你内心的声音才是指引你走向前方最真实的导航。正如阿晶所展现的，当我们愿意为自己投资，愿意花时间去滋养自己的心灵时，那些曾经看似无法逾越的障碍，终将成为成就更好的自己的阶梯。

无论外界的风雨怎样肆虐，我们始终拥有重养自己的权利。这不仅仅是一场对外在环境的抗争，更是一次内在世界的觉醒与重生。当你愿意为自己按下暂停键，去倾听内心的声音，去滋养被忽略已久的梦想时，你会发现，那些曾经让你窒息的枷锁，正逐渐化为推动你前行的力量。

重养自己，就是给自己一个机会，去遇见那个更加美好、更加完整的自己。在这个过程中，你将学会与自己和解，学会在纷扰的世界中保持一颗平静而坚定的心。当你光芒四射地站在属于自己的舞台上时，你便不再是那个被定义的角色，而是成了掌握自己命运的女王。

5

养大了孩子、养废了自己的人，需要再爱自己一次

有这样一群女性，她们用无尽的爱与耐心，将一棵棵幼苗培育成参天大树，却在不经意间，将自己的花园遗忘在了时光的角落。她们自嘲"养大了孩子、养废了自己"。但这并非一场悲剧的终章，而是自我觉醒的序曲。

曾经，她们将自己的名字镌刻在孩子的笑容里；现在，是时候拿起那尘封已久的画笔，在生命的画卷上重新添上自己的色彩了。这是一场迟到的盛宴，为了那个曾经因付出而被遗忘的自己，请重新穿上华丽的舞鞋，翩翩起舞。

我曾遇见过这样一位大姐，她的故事像是一首悠长而细腻的诗，轻轻拨动着我的心弦。她名叫夏芸，一个曾经怀揣梦想，眼眸里闪烁着星辰大海的女子。她大学学的是平面设计，毕业后，她也曾身披职业装，穿梭于高楼大厦之间。那时的她，对未来充满了无限的憧憬和期许。然而，爱情的降临和家庭的建立，让她做出了人生中的一个重大决定——放下手头的一切，全身心投入到家庭温暖的怀抱中。

夏芸的儿子出生后，她便像大多数母亲那样，自然而然地承担起了养育下一代的重任。日子在奶瓶与尿布的交替中缓缓流逝，她的世界渐渐缩小到家的四壁之

内。儿子上幼儿园的第一天,她紧张得像第一次参加面试,之后的日子里,接送儿子成了她的日常工作。时光荏苒,儿子步入高中,高考的压力让夏芸更加不敢松懈,她选择在学校附近租房陪读,只为了给予孩子最好的成长环境。在那方寸之地中,她既是厨师、教师,又是心理顾问,用爱编织着一个坚固的避风港。

儿子高考结束后,顺利迈入了大学的门槛,夏芸的生活突然间变得异常安静。她站在空荡荡的房间中央,心中五味杂陈。那一刻,她觉得自己仿佛成了一个与时代脱节的旁观者。她尝试着再次踏入职场,却发现自己像一只迷途的鸟,因技术的迭代、行业的变革,处处碰壁,那种无力感让她不禁自问:"这些年,我是不是养大了孩子,却养废了自己?"

夏芸的故事,是千千万万个女性生活轨迹的缩影,她们在爱的奉献中忘记了自己,却在某个瞬间惊觉自我价值的缺失。然而,这并不是终点,而是一个转折点,一个重新启程的机会。

重养自己,不是一句空洞的口号,而是需要勇气与智慧的实践。夏芸开始慢慢拾起那些被岁月尘封的兴趣与梦想。

她没有急于投身于激烈的行业竞争,而是选择了一条更为坚实的道路,从基础开始,稳扎稳打。夏芸报名参加了在线设计课程,那些曾经熟悉的软件、设计理念,随着指尖的跳动,慢慢找回了属于它们的温度。她开始关注设计界的最新动态,参与线上设计社群,与同行交流心得,那些灵感的火花在每一次交流中都会碰撞出新的光彩。

除了理论学习,夏芸还积极参与实践项目,从帮朋友设计生日邀请函,到为小区活动制作宣传海报,每一份作品都倾注了她对美的追求与对生活的热爱。她用设计的语言,讲述着自己的故事,也讲述着周遭世界的美好。在这个过程中,夏芸发现,设计不仅是技术的展现,更是情感的传递,它连接着过去与未来,让她的内心世界变得更加丰盈。

同时,夏芸也意识到,社交圈的重建对于找回自我至关重要。她加入了一些兴趣小组,结识了一群志同道合的朋友,他们共同探讨艺术、结伴旅行,那些曾被遗忘的热情,在彼此的交流中逐渐被点燃。她还学会了瑜伽,不仅强健了体魄,更在冥想中找到了内心的平静与力量。

在这一段自我重塑的旅程中,夏芸渐渐明白,爱自己并不是自私,而是对生命最深沉的理解与尊重。她学会了在忙碌与自我之间找到平衡,懂得了即使在最平凡的日子里也能活出自己的精彩。

从夏芸的故事中我们可以看到,每个生命都有重启的可能。养大了孩子,的确是一项伟大的成就,但在这之后,更重要的是要养好自己,因为每个人都值得拥有属于自己的舞台。重养自己,不是回到过去,而是创造一个新的未来,那里有未完成的梦想,有待探索的未知,还有那份对生活的热爱与渴望。

重养自己,听起来就像春天里的一场温柔革命。它意味着在午后慵懒的阳光下,不仅仅是为了孩子准备精致的点心,也要为自己泡一壶花茶,享受那份久违的宁静与甜蜜;是在忙碌之余,捡起年轻时的梦想,学一门新技术,取得的每一点进步都是对自己最深情的告白。

这不仅仅是一次身体上的休憩与滋养,更是心灵的重生。它教会我们,爱自己与爱别人同等重要,甚至更为根本。当我们开始懂得疼惜自己时,那份从内而外焕发的光彩,比任何珠宝都要耀眼。

所以,如果你也是其中之一,别忘了,你的人生同样值得一场盛大的庆典。从今天起,重养自己,就像重新发现一处被遗忘的藏宝地,让那些曾经的梦想与激情,在生命的第二春里,散发出最绚烂的光芒。

6

面对一次次的打压,
找回内心的坚韧最重要

在这个纷繁复杂的世界里,我们每个人都可能遇到被打压的时刻,一次次被打压,会让我们的内心变得缺乏力量。那些无情的批评、冷漠的眼光,甚至是恶意的攻击,像一阵阵寒风,让人感到刺骨,使心灵受到极大的摧残。内心没有力量的人,犹如一叶孤舟在风暴中颠簸,随时都可能被吞噬。但这并不意味着我们就得永远沉沦在底部,或是倒在风雨中。

相反,这正是重养自己一次的最佳时机。我们需要重新找回那份坚韧和力量,让自己重新站起来,就像是给一棵树重新浇水、施肥,让它的根重新深入土壤,枝叶重新茂盛。所以,不要害怕被打压,不要认为自己没有力量。让我们给自己一次重养自己的机会,重新找回内心的坚韧和力量吧。

小晴,我的一位小学同学,是个拥有细腻情感和敏锐洞察力的女孩,她的文字仿佛有魔力,总能触及人心最柔软的部分,让人为之动容。然而,在职场的舞台上,她却常常被忽略。她的创意和想法,如同夜空中最亮的星,本应熠熠生辉,却常常被那些所谓的"权威"以一句轻描淡写的否定轻易抹杀。

为什么会这样呢？或许是因为她的声音太过独特，太过真实，与那些习惯于陈词滥调、故步自封的"权威"格格不入。又或许是因为她太过年轻，太过缺乏经验，使得她的光芒在初入职场时便被轻易掩盖。无论是哪种原因，都使得她的存在仿佛只是为了映衬他人的光芒，成为他人成功的一个注脚。

久而久之，那份原本炽热的创作热情，在一次次的否定和漠视中逐渐冷却。她的内心开始布满阴霾，仿佛一片荒芜之地，那片曾经繁花似锦的创意花园，如今再也开不出绚烂的花朵。她开始怀疑自己是否真的适合这个职场，是否真的有能力让自己的声音被听见。

我记得那个雨夜，小晴坐在窗前，眼神空洞地望着雨滴滑落，轻声对我说："我好像失去了力量，连指尖都变得沉重，无法再敲打出心中的故事。"那一刻，我的心被深深触动，我意识到，像小晴这样总是被打压、内心没有力量的人，其实需要的不仅仅是一个倾听者，更需要一盏灯，引领她重新发现自我价值，重养自己一次。

于是，我鼓励小晴，让她踏上了一段寻找内心力量的旅程。首先，我让她从日常的小事做起，比如每天早晨外出散步，在自然的怀抱中感受生命的律动；其次，我让她尝试不同的手工艺品制作，让忙碌驱散心中的迷茫；最后，我让她记录下每一个微小的进步和感悟，无论是完成了一篇短文，还是学会了一道新菜，都是对自我的一次肯定。

对于总是被打压的人来说，重建内心的力量并不是一蹴而就的，它需要时间，需要耐心，更需要自我接纳与关爱。要学会不再将外界的评价作为衡量自己价值的唯一标准，而是倾听内心的声音，认识到我们每个人都是有价值的，不应由他人来定义。

我还鼓励小晴参加一些线上的创意写作课程，因为那里汇聚了一群同样热爱文字的人。在那里，她发现原来有那么多人和她一样，怀揣着梦想，在默默努力。他们的鼓励和支持，如同一股温暖的清流，滋养着她干涸的心田。渐渐地，小晴的文字再次焕发光彩，她开始在网络平台上分享自己的作品，并收获了第一批读者。那些来自陌生人的认可与共鸣，让她意识到，她的声音，虽然轻柔，却也能触动人心。

如今，小晴已经不再是那个躲在角落里默默无闻的女孩。她用自己的经历告诉我，每一个被打压、内心没有力量的人，都有能力重养自己一次，都能散发出属于自己的光芒。这不仅仅是个人成长的胜利，更是对这个世界的一次温柔反抗——证明每个人都能以自己的方式发光发热。

所以，如果你也正处在这样的困境中，请记得，你并不孤单。给自己一点时间、一点空间，去尝试，去探索，去拥抱那些让你心生欢喜的事物。也许一开始你会感到害怕，会犹豫，但请相信，每一次尝试都将是向着光明迈进的一步。

重养自己，就是学会如何再次爱上这个世界，以及如何被爱。在这个过程中，你会发现，内心的力量其实一直都在，只是需要你去唤醒它，去滋养它，让它如春日之花，绚烂绽放。

重养自己，并不是要你彻底改变，而是要你在痛苦和挫败中，找到那个最初的自己，那个纯真、勇敢、充满活力的自己。她可能在角落里哭泣，可能迷失在黑暗中，只要我们伸出双手，她就会跟我们回家。

这个过程可能会很艰难，可能会很痛苦，但只要你愿意，就一定能够做到。就像破茧成蝶，过程虽然痛苦，结果却是那么的美丽。你会变得比以前更强大、更坚韧，你的内心会充满爱、充满希望、充满力量，你会变得比以前更美丽、更自信、更有魅力。

所以，如果你感到被打压，如果你感到内心没有力量，就给自己一次重养自己的机会吧。重新找回内心的坚韧和力量，让自己重新站立起来。你会发现，这个世界依然美好，生活依然值得期待。

7

遭遇痛苦失败时，
用勇气与信念重养自己的理想之树

在人生的旅途中，难免会遇到挫折与失败，这些经历虽然痛苦，却是成长道路上不可或缺的一部分。当目标尚未达成，心情低落时，重养自己一次便显得尤为重要。这句话就像是温柔的提醒，告诉我们要像对待珍贵的植物一样，给予自己足够的关爱与滋养。

这意味着在忙碌与压力中找到片刻宁静，为自己安排一次心灵的假期，无论是沉浸在一本好书中，还是在自然中漫步，都是对自我的温柔呵护。它也意味着要学会释放那些不必要的负担，接纳自己的不完美，用更加积极的态度去面对挑战。

在这个过程中，我们不仅能够重新找回内心的平静与力量，还能发现那些曾经被我们忽略的美好。就像一朵经历了风雨洗礼的花，虽然花瓣上沾满了露珠，却也因此更加娇艳欲滴。让我们勇敢地面对失败，用爱与耐心重养自己，迎接更加灿烂的明天。

在这个喧嚣的世界里，每个人都有自己的梦想与追求，它们如同夜空中最亮的星，引领着我们前行。我认识的一个姐妹，便是这样一个追梦人，她的故事，是关于勇气、失败与重生的篇章，它告诉我，遭遇痛苦与失败、目标尚未达成的人，需要重养自己一次。

这位姐妹，她的心中藏着一个不为人知的梦想——开一家属于自己的餐馆。不同于那些对早出晚归生活安之若素的人，她的灵魂渴望自由，渴望在锅碗瓢盆的交响乐中，编织属于自己的味道故事。

然而，当她辞掉工作，鼓起勇气，将全部心血倾注于那家小餐馆时，命运似乎并未给予其应有的温柔。由于缺乏经验和对市场的不了解，餐馆的经营举步维艰，最终不得不以失败告终。那一刻，她的世界仿佛崩塌了，她不得不重新穿上职业装，回到那日复一日、年复一年的上班生活中。

然而，她并未就此沉沦。在看似平淡无奇的日子里，她内心深处那团关于梦想的火焰从未熄灭。她开始更加用心地学习餐饮方面的知识，无论是烹饪技巧、食材选择，还是经营管理、市场营销，她都一一涉猎，甚至报名参加了多个相关的课程和工作坊。她的书桌上堆满了关于餐饮的书籍和笔记，每一页都记录着她对梦想的执着与追求。

时间如织，转眼间，她再次站在了梦想的起跑线上。这一次，她不再是那个盲目冲锋的莽夫，而是一位装备齐全、策略满满的智者。她精心策划，从选址到装修，从菜单设计到服务培训，每一个环节都倾注了她的心血与智慧。当她第二次推开餐馆大门迎接第一批客人时，空气中弥漫的不仅是食物的香气，更是她重生的气息。

这一次，成功没有让她久等。餐馆迅速在当地拥有了一些知名度，不仅因为其食物美味，更因为她那份从心底流淌出的温暖与真诚。她终于在自己热爱的领域里，散发了属于自己的光芒。

她的故事，让我深刻体会到，每一个遭遇失败、目标尚未达成的人，其实都站在了一个重要的转折点上。这个时候，我们需要做的就是重养自己一次。重养，不仅仅是技能的提升，更是心灵的修复与成长。它意味着，在挫折之后，我们要有勇气面对自己的不足，有毅力去学习新知，有耐心去等待时机，更重要的是，要有爱自己的能力，允许自己在失败中汲取养分，让心灵在磨砺中变得更加坚韧。

在这个过程中，不妨放慢脚步，给自己一个喘息的空间。去阅读一本好书，让文字滋养心灵；去一个未曾踏足的地方，让风景治愈疲惫；或是在一个闲适的午后，品一杯咖啡，听一段悠扬的音乐，让灵魂得到片刻安宁。记住，每一次的跌倒，都是为了更好地站起；每一次的失败，都是通往成功的必经之路。

正如她所展现的，真正的成功，不在于你拥有多少财富或名声，而在于你是否能够按照自己的意愿生活，是否能在追求梦想的路上，不断成为更好的自己。所以，如果你正经历着挫折和失败，不妨将这段时光视为重养自己的契机，勇敢地拥抱每一个挑战，因为正是这些经历，塑造了我们独一无二的人生。

在这个充满挑战与机遇的世界里，我们每个人都是自己命运的塑造者。遭遇失败并不可怕，可怕的是失去重养自己的勇气和信念。愿我们都能在挫折中成长，在失败中找到力量，用心去重养自己，让梦想之花在坚持中绽放。记住，每一次的自我重养，都是为了更好地拥抱明天。让我们一起勇敢前行，笑对风雨。

8

前半生过得一塌糊涂，
请重启人生模式，活出精彩

哎呀，人生这场大戏，谁还没几个 NG 镜头呢？前半生若是走得跌跌撞撞，像极了穿错了水晶鞋又跑错了舞会的灰姑娘。但亲爱的，别急着谢幕，好戏往往在后头！

重养自己，就像是给自己的灵魂进行一次 SPA。想想看，你就是那株经历风霜的小草，如今春回大地，是时候破土而出，向着阳光绚烂重生了。不是要你忘却过去，而是让你学会从中提炼出醇厚的养分，滋养未来的自己。

开启崭新的人生，就像换上一双合脚的高跟鞋，踩出自信满满的节奏。去旅行，让山河湖海洗净眼中的尘埃；去读书，让文字的智慧充盈你的灵魂；去爱，不仅仅爱别人，更要狠狠地爱自己，因为你值得拥有世间所有美好。

记住，每个不曾起舞的日子，都是对生命的辜负。前半生的糊涂，是为后半生的清醒铺路。所以，整理心情，重启人生模式吧。这一次，咱们不仅要活得精彩，更要活得漂亮！

在这个纷繁复杂的世界里，每个人的生命轨迹都有独特的曲线，有的章节绚烂如夏花，有的则暗淡似冬夜。而我，此时想讲述的是一位自驾游网红苏敏阿姨的故事，她以一种近乎壮丽的姿态，重启了自己的人生模式，活出了别样的精彩。

苏敏的前半生，仿佛是命运和她开的一个不大不小的玩笑。苏敏出生在一个援藏家庭，自小便肩负起照顾弟弟、操持家务的重任。她的青春是在锅碗瓢盆的交响乐中悄然流逝的，学习只是她的副业。最终她没有考上大学，于是踏入社会做工。

苏敏因渴望逃离原生家庭，仓促步入婚姻，却未料这只是从一个困境落入另一个深渊。她的丈夫对她充满戒备，严格控制经济，要求她详细汇报每一笔开销，这深深伤害了苏敏的自尊心。要强的她选择打工自给自足，同时照顾孩子，尽管辛苦，却也换来了经济上的独立。然而，丈夫进一步推行所谓的"AA制"，更在精神上对她进行持续打压，甚至发展到肢体冲突。面对身心的双重伤害，苏敏虽有离婚之念，但受传统观念的束缚和周围人的劝解，只能忍受。

然而，正是在这看似无望的深渊中，苏敏找到了那束穿透云层的光——自驾游。这不仅仅是一场身体上的迁徙，更是心灵的解放与重生。56岁时，她勇敢地踏上了旅程，没有地图，没有终点，只有一颗渴望自由、追求自我的心。秦岭的巍峨、云南的美丽、海南的热带风情……八万多千米的行程，200多个城市的足迹，她以车轮为笔，以大地为纸，书写了一部属于自己的壮丽史诗。

在这场旅途中，苏敏收获了前所未有的友谊与温暖。那些来自五湖四海的车友，用他们的善良与热情，为她搭建起一座座心灵的桥梁，让她第一次感受到世界这么美好，人与人之间这么温暖。这些经历，治愈了她多年的伤痛，让她重新找回了生活的色彩与温度。

更重要的是，苏敏通过自驾游的方式，实现了自我价值的重塑。从直播带货到房车旅行，她用自己的行动证明，年龄从来不是束缚，性别更不是限制。她用自己的故事告诉所有人：每一个生命，无论处于何种境遇，都有权利去追求属于自己的诗与远方。

苏敏的前半生，或许可以用"一塌糊涂"来形容，但她的后半生，却以一种决绝而优雅的姿态，实现了命运的华丽逆袭。她的故事，是对所有在困境中挣扎的女性的鼓舞——前半生不如意，不代表后半生也要继续沉沦。我们每个人都有权利，也有能力去重启自己的人生模式，活出属于自己的精彩。

那么，如何实现这一重启呢？我想，关键在于勇气与行动。首先，要有勇气面对自己的不幸，承认现状并非不可改变。其次，要敢于迈出第一步，无论这一步多么微小，都是向着光明迈进的开始。就像苏敏阿姨，她从一个简单的想法出发，最终走出了截然不同的人生道路。

同时，我们也要学会放下，放下那些束缚我们的传统观念，放下对他人的依赖，学会独立，学会自我成长。在这个过程中，我们会发现，原来自己拥有无限的潜能，可以创造出令人惊讶的奇迹。

最后，不要忘记爱与被爱。在追求实现自我价值的路上，保持一颗开放的心，去接纳那些给予我们温暖与支持的人，也让自己的光芒照亮他人的世界。这样，我们的人生才会更加丰富多彩，更加有意义。

苏敏阿姨的故事告诉我们：无论前半生经历了什么，后半生都有无限可能。让我们带着勇气与希望，重启人生模式，活出属于自己的那份精彩。记住，每个生命都可以发出微弱的光，即使在黑暗中，也不要让自己的微光熄灭。因为，正是这些微光，汇聚成了照亮我们前行的璀璨星河。

重养，不仅仅是对外在的修饰，更是对内在世界的深度滋养与重塑。它教会我们勇敢地拥抱改变，不惧怕年龄的增长，因为每个年龄段都有其独特的韵味与魅力。正如一瓶陈年佳酿，越经时间的沉淀，越能散发出诱人的醇香。

我们更应懂得，自我成长与自我实现是生命赋予我们的权利与使命。不妨多一些自我宠爱，少一些自我苛责，让心灵去旅行，让身体去舞蹈，让智慧在阅读中积淀。当我们学会了自爱时，便拥有了照亮他人、温暖世界的光芒。

所以，不必畏惧过往的尘埃，那是成就今日璀璨的基石。让每一次挑战成为塑造自我的磨刀石，让每一次失败成为通向成功的垫脚石。拿起那根名为"自我重养"的魔法棒，为自己施展一场华丽的变身。记住，你不是生活的旁观者，而是自己命运的掌舵人。

最终，当岁月悠悠，回望来时路时，你会感激那个曾经勇敢站起，决意重养自己的自己。因为，正是那份勇气与坚持，让你的人生故事比任何一部精心策划的小说都精彩万分。在这场名为人生的盛宴上，你就是那颗最耀眼的星。

第三章

生活不只是眼前的苟且，重养自己是为了诗和远方

▼

为何我们要重养自己？因为过去的伤痛、角色的束缚、视野的局限都在无形中消耗着我们的内在力量。重养自己，是治愈过去、找回自我、重拾梦想的必经之路。让我们在成长中拥抱变化，释放无限潜能，追寻自己的诗和远方。

1

用力弥补小时候的自己，
也是我们长大的意义

哎呀！看到这句话，你是否心头一暖，又带点儿小酸楚呢？咱们小时候，或许都有过那么一些遗憾，比如没能吃到的那块糖，没能说出口的那个愿望，或者是没能勇敢迈出的那一步。每当想起这些，心里总会泛起一丝不易察觉的忧伤。

长大后，我们就像是在玩一场寻宝游戏，不过这次找的宝藏，其实是想弥补给小时候的自己。我们努力学习新技能，尝试新事物，甚至挑战那些曾经觉得不可能完成的任务，其实都是在跟过去的自己说："嘿，你看，我现在能做到了！"

这不仅仅是为了变得更好，更是为了告诉那个小小的自己：别怕，你值得这世界上的所有美好。这是一场与过去的和解，也是一场对自己的深深拥抱。长大，就是这么一场甜蜜的"复仇"，也是一场温柔的自我救赎。

小时候，我的家境并不富裕，总是眼馋别的小朋友手里那些五彩斑斓的糖果和玩具。记得有一次，我在商店的橱窗前驻足良久，目光紧紧锁定在一个精致的芭比娃娃上，她穿着华丽的裙子，眼睛仿佛能说话。我知道，那样的玩具，对于我的家庭来说，是一件奢侈品。我最终只能默默地转身离开，但心里那份渴望却像种子一样悄悄埋下。

　　长大后，我自己会挣钱了，也能够负担起曾经遥不可及的梦想了。但我发现，内心深处那个小小的自己，依然站在橱窗前，眼中满是渴望。我开始意识到，用力弥补小时候的自己，不仅仅是为了弥补物质上的遗憾，更多的是为了治愈那份深埋心底的不安与缺失，是为了告诉自己：你值得拥有美好，无论什么时候都不晚。

　　于是，我开始了一场与自己的和解之旅。我学会了给自己买花，即使不是节日；我学会了在忙碌之余，为自己安排一场小旅行，哪怕只是去附近的小镇；我更学会了倾听内心的声音，不再让那份童年的渴望成为遗憾。

　　但真正的弥补，不仅仅是物质上的给予，更重要的是精神上的滋养。我开始写作，用笔记录生活中的每一个细微感动，那些关于成长、关于爱、关于自我发现的故事。我发现，当我用心去感受生活，用文字去治愈自己时，那个小时候的我，也在慢慢得到安慰。

　　我想，长大的意义，就在于我们有能力去拥抱那个曾经不被满足的小孩，告诉她："你现在很好，过去的一切都已过去，你有力量创造属于自己的幸福。"我们学会了如何更好地爱自己，如何在成人世界里保持一颗童心，继续追寻那些因成长而被遗忘的梦想。

　　所以，如果你也像我一样，心中藏着一个小小的遗憾，不妨从现在开始，努力去弥补它。它不一定是昂贵的礼物，也许只是一次散步时的自我对话，或是一本能让你笑出声的书。记住，每一次对自己的温柔以待，都是对过去最好的补偿，也是对未来最美的期许。

　　在岁月的长河里，我们每个人都是逆流而上的旅者，背负着过往，憧憬着未来。我有一个朋友名叫阿静，她的故事如同一首悠长的歌，低吟着成长的酸甜与苦涩，也唱出了用力弥补小时候的自己，才是我们长大的真正意义。

　　阿静的童年并不像童话书中描绘的那样色彩斑斓。在一个被争吵声填满的家庭里，她学会了沉默与隐忍。父母的不和像是一张无形的网，束缚了她，让她的童年少了许多欢笑与自由。她渴望的那些温柔拥抱、睡前故事，似乎总是遥不可及。每当夜幕降临，她只能蜷缩在自己的小床上，用想象中的温暖慰藉自己孤独的心灵。

长大后的阿静，表面看似坚韧，内心却始终有个角落，住着那个渴望被爱、被呵护的小女孩。她努力工作，用成功来证明自己的价值，却发现自己在忙碌中迷失，那些童年的遗憾如同影子，紧紧跟随。她开始意识到，无论外界给予自己多少赞誉，内心的空洞依然无法填补。于是，她决定向那个曾经被遗忘的小女孩伸出手，用力弥补她错过的那些温暖。

阿静选择了与过去对话。她开始写信给自己。一封封注满回忆的信件，字里行间充满了迟到的安慰和鼓励。她告诉小时候的自己："你不是孤单的，你值得所有的爱与关怀。"在这个过程中，她学会了自我宽恕，理解了那些伤痕其实只是成长的印记。

她创造了一个属于自己的"治愈角"。在小小的房间里，她布置了一个温馨的角落，摆满了儿时梦想的物件：童话书、毛绒玩具、温暖的夜灯。夜深人静时，她会坐在那里给自己读故事，让那些未曾体验的温馨画面在心中缓缓展开，一点一滴地缝补童年的裂痕。

更重要的是，阿静开始给予自己那些曾经缺失的爱。生日时，她不再等待别人的祝福，而是给自己准备惊喜，庆祝生命中的每一个瞬间。她学会了说"不"，为自己设立了界限，不再为了取悦他人而牺牲自我。

用力弥补小时候的自己，不是沉溺于过往，而是在理解与接纳的基础上，重新赋予自己一个充满爱与温暖的现在。我们每个人都可以是自己最好的疗愈者，只要愿意，随时可以开启这场美丽的自我救赎之旅，这，就是成长的意义！

2

过去的事不是你的错，
你得学会翻篇

过去的事，就像一本已经翻到尽头的书。如果我们总是一遍遍地回读那些情节，不仅无法改变结局，还可能因此错过新的故事。责任和过错，有时如同一对难舍难分的恋人，总在我们耳边低语，让我们无法释怀。然而，我们不是时光的看守者，而是生命的航海家。学会翻篇，就像按下心中的复位键，让过去的自责和悔恨像潮水一样退去，留下的将是一片未被触碰的沙滩，等待我们用新的足迹去探索。

小 Z，我的大学同学，一个看起来温淡如玉的女生，却背负着不为人知的沉重。她的父母在她年幼时离异，之后各自组建了新家庭，小 Z 成了那个多余的背影。她常说自己就像一块顽石，被命运抛来抛去，最终落在尘世的缝隙里。她的眼里时常带着一丝忧伤，好像在诉说着什么。

小 Z 一直很努力，她试图用自己的成绩和行动赢得父母的关注和爱。然而，她得到的往往是冷漠与忽视。这样的经历，像一只无形的手，悄悄地塑造了她的性格：自卑、敏感、极易受伤。每当夜深人静时，她总会独自哭泣，泪水浸湿了枕巾，也淹没了她的心。

毕业后，我们各奔东西，但偶尔会在社交平台上了解对方的近况。一天，我收到小Z发来的消息，她说："我终于学会了翻篇。"原来，她毕业后在一家公益组织工作，帮助那些有着类似遭遇的孩子。在倾听和帮助他人的过程中，她发现了自己的价值，并逐渐明白过去的事并不全是她的错，她需要做的是勇敢翻篇，开启新的篇章。

小Z开始尝试用各种方法来挣脱内心的枷锁，她学习心理学，参加瑜伽和冥想班，还重拾了写作这个久违的爱好。她告诉我，当她把那些沉重的故事一点点写下来时，就像是在逐字逐句地卸下包袱，每写完一个字，心中的负担就轻一分。文字成了治愈她的良药，让她的心灵得到了慰藉，获得了自由。

现在的小Z，已经焕然一新。她的眼神不再忧郁，取而代之的是坚定与温柔。她对我说："过去的事，确实曾让我痛苦不堪，但现在我明白了，每一个经历都是成长的垫脚石，是它们成就了今天的我。学会翻篇，不仅仅是为了忘记痛苦，更是为了与自己和解。"

看着小Z的变化，我也深受启发。我们每个人都有过去，都会有或多或少的遗憾和伤痛。过去的终将过去，无法改变，但我们却可以选择如何面对。学会翻篇，不是逃避，而是勇敢地向前走，去寻找那些让我们的心灵得到安慰和力量的东西。只有这样，我们才能真正地释放自己，迎接更加美好的未来。

我曾是个容易沉溺于过往泥沼中的女子，每一个未竟的梦想，每一次挫败的泪流，都像是心底难以抹去的烙印。尤其是那段刻骨铭心的爱情，它像是一本被反复翻阅却总也读不懂的书，让我在无数个夜晚辗转反侧，质问自己："如果当初……"

但时间这位最公正的疗愈师教会了我一个道理——过去的事，不是你的错，你得学会翻篇。我开始意识到，每个人的生命中都会遇到那么几个错的人，或是经历几场无果的风雨，这些不是为了让我们背负罪责，而是促使我们成长，让我们学会更好地爱自己，在下一段旅程中更加坚韧。

于是，我学会了放下，但不是遗忘，只是将那些过往妥善安放，让它们成为我人生书架上的一本旧书，偶尔翻阅，心中却不再有波澜。我开始用旅行来填充生活的缝隙，用文字记录每一次心灵的触动，用新朋友的笑声覆盖旧日的泪痕。我发现，世界远比我想象的要宽广，而我也变得更加勇敢和坚强了。

翻篇，不仅仅是对过去的释怀，更是对未来的拥抱。它意味着我们不再让过去的错误定义现在的自己，不再让遗憾成为前行的枷锁。每一次勇敢地翻过一页，都是对自己的一次温柔救赎，是对生活无限可能的一次深情告白。

所以，如果你也正被过往的阴霾所困，请记得，那些曾经的伤痛和遗憾，不是用来惩罚自己的理由，而是让你变得更坚强的宝贵财富。学会翻篇不是逃避，而是以一种更加成熟和优雅的姿态，继续书写自己的人生篇章。

让我们一起在时光的河流中优雅地转身，带着一颗轻盈而坚韧的心继续前行，因为最美的风景往往就在下一个转角等待着我们。而过去终将成为我们身后最温柔的背影，它提醒我们：你已走过，你已成长，未来可期。

身为女子，我们常常身披铠甲，内心却藏着最细腻的情感与故事。经历过风雨，方知阳光的可贵；蹚过悲伤的河流，才学会建造内心的桥梁。重养自己，不仅是修补心灵的裂痕，更是赋予自我重生的力量。

重养自己，意味着接纳全部的自己——不论是昨日的泪水还是今日的笑容。它是一种艺术，是学会在每个清晨对着镜子微笑，告诉自己："今天，我要比昨天更加爱自己。"是在疲惫的生活中寻找小确幸，为平凡的日子点缀星光；是在他人的眼光之外，建立起一座属于自己的秘密花园，那里四季如春，花香不散。

无论你正处于人生的哪个章节，不妨停下脚步，给自己一个温暖的拥抱。记住，你是自己宇宙的中心，有权利也有能力去为自己塑造一个更加灿烂的未来。你不仅要学会翻篇，更要学会在每一页新的人生篇章上，大胆地涂上属于自己的色彩，因为这世界会因你散发的光芒而更加多姿多彩。

3

爱自己，
是浪漫的开始

爱自己，就像是在心灵的花园里，种下一朵坚韧的玫瑰。它不仅沐浴在外界的阳光下，也汲取着内心的雨露。这朵玫瑰在赞美声中更加绚烂，即便没有外界的掌声，它依然自信地绽放，散发着属于自己的芬芳。它告诉我们，真正的美丽和力量，源自自我接纳和自我欣赏，无论外界如何变化，内心的花园总是春意盎然。

我们是自己最忠实的恋人，每天对自己说："你真美，你真棒，你值得一切美好。"这不是自恋，而是自我肯定，是对自己的无限宠爱。我们学会了倾听内心的声音，尊重自己的选择，拥抱自己的不完美。

爱自己，是一生浪漫的开始。我们不再等待别人的救赎，而是成为自己的英雄。我们用心感受生活的每一个细节，无论是一杯清晨的咖啡，还是夜晚星空下的散步。我们学会了在平凡的生活中，寻找不平凡的浪漫。

在这个喧嚣的世界里，每个人的故事都是一本未完待续的书，而我，有幸成了其中一位大姐人生篇章的旁观者，更是她转变历程的见证者。她，曾经那样全心全意地爱着她的丈夫，仿佛她的生命就是为了成就他的辉煌而存在。他们的故事，像是一部老电影，色彩斑斓却又带着几分辛酸的黑白片段，让人不禁感慨：爱有时候也需要一种自我觉醒的勇气。

记得初见她时，是在一个秋日的上午，阳光透过茶馆的落地窗洒在她温婉的面庞上，那一刻，我看到她眼中闪烁着的，不仅仅是对生活的热爱，更多的是对家庭、对丈夫的深情厚意。她的话语中充满了对丈夫事业的骄傲和支持，每一次提及他的成就，她的眼底都会泛起温柔的光芒，那是一种无私的付出，一种将自我融入对方梦想的爱。

然而，命运似乎总爱捉弄那些用心良苦的人。当她全心全意地助他攀登事业的高峰，为他生儿育女，构建了一个看似完美的家庭时，却未曾料到，这一切，竟如同沙滩上的城堡，被一场突如其来的风暴摧毁得无影无踪。丈夫跟他的女助理好上了，儿女也随了他。这像是一记重锤，不仅击碎了她对婚姻的信仰，更让她陷入深深的自我怀疑之中。那些日子，她的世界仿佛失去了色彩，每一个清晨醒来，面对的都是一片灰暗。

但正是这份痛楚，成为她人生转折的催化剂。在经历了最初的崩溃与挣扎后，她开始意识到，真正的爱不应该只是对他人的无私奉献，更应该包含对自己的深情厚爱。于是，她决定转身，去追寻那个久违的自我，去爱自己，就像她曾经爱她的丈夫那样，热烈而深沉。

她开了一家小小的蛋糕店，那是她儿时的梦想，一个关于甜蜜与幸福的小天地。在这里，她找到了创作的乐趣，每一块蛋糕，每一份甜点，都融入了她对生活的理解和对美的追求。她的蛋糕店渐渐成为城市里的一道风景线，人们不仅因为那里的甜品而驻足，更因为那份从心底散发出的温暖而流连忘返。

我常常看见她，在忙碌之余，坐在店角的小桌旁，手捧一本书，脸上洋溢着满足的笑容。那是一种从内而外的平和与幸福，是她终于学会爱自己之后，生命给予的最好回馈。她说："当我开始关注自己的内心，照顾自己的情绪时，我才发现，原来生活的美好，不仅仅来自他人的给予，更源于自我价值的实现。"

她的故事，像是一首悠扬的歌曲，缓缓流淌在我心间。它告诉我，无论遭遇何种风雨，只要心中有爱，就有重新出发的勇气。爱自己，并非自私，而是一种对生活的尊重，对自我价值的肯定。在我们学会了如何爱自己后，才能更好地去爱这个世界，去爱那些值得我们去珍惜的人。

如今，她的蛋糕店依旧红火，而她，也早已不再是那个只为他人而活的女子。她的笑容成为她最动人的名片，她的故事则是关于成长、关于自我救赎、关于爱的最美诠释。在人生的旅途中，她或许走得慢了一些，但她终于找到了自己的节奏，那是一种从容不迫、一种历经风雨后的淡然与坚定。

我想，这就是生活给予她的最好礼物吧——一场迟到的浪漫，一场关于自我发现与重生的壮丽旅程。而我，作为这一切的见证者，也学会了无论何时何地都不应忘记给自己留一分温柔，因为爱自己真的是终身浪漫的开始。

我们每个人都是一本精彩的书，而"重养自己"便是那支笔，让我们在生活的空白页上，重新绘制属于自己的篇章。就像这位蛋糕店的女主人，她用甜蜜的香气和对生活的热爱，治愈了自己的心灵，也温暖了他人。

爱自己，不是自私，而是一场灵魂的盛宴。它让我们在纷扰的世界中找到内心的宁静，让我们在风雨中依然能够翩翩起舞。我们是自己最坚强的后盾，也是自己最温柔的港湾。

所以，让我们从今天开始，把每一天都当成爱自己的练习日。不论是在清晨的第一缕阳光中，还是在夜晚的星空下，都对自己说："我爱你。"

因为爱自己就是终身浪漫的开始，是我们心灵花园中最绚烂的花朵，永远盛开，永不凋零。让我们以这份爱迎接每一个崭新的日出，书写属于自己的传奇。

4

自我重塑，
为成长赋予新意

"自我重塑，为成长赋予新意"，这不仅是句掷地有声的宣言，更像是春日里轻柔却坚定的风，吹过心田，唤醒沉睡的种子。作为女子，我们的故事不应局限于既定的章节，而应是那本永远翻不到最后一页的奇妙之书。

我们是多变的艺术家，手中的调色板五彩斑斓。或许昨日我们还是那幅古典油画，沉稳内敛；今日，我们便能化身现代抽象画，张扬不羁。每一次自我重塑，都是我们对自我边界的勇敢探索，是对成长路上陈规陋习的一次优雅对抗。我们学习，不是为了填充他人的期待框架，而是要亲手绘制属于自己的风景线，让心灵的花园繁花似锦，四季常青。

小荷，这个名字如同夏日池塘中亭亭玉立的花朵，清雅而不失坚韧。在旁人眼中，她或许是那幅静好的画面，但在她心中，却有着一场场波澜壮阔的自我探索与重塑之旅。

曾几何时，小荷的生活轨迹仿佛被设定好了程序，从名牌大学到稳定的国企工作，一切看似顺理成章，却又暗藏乏味。她的笑容背后，藏着未竟的梦想和对现状的不甘。日复一日的格子间生活，像是一把无形的锁，锁住了她对世界的好奇与渴望。直到有一天，她决定打破这份平静，给自己一个全新的开始。

小荷的转变始于对"世界那么大，我想去看看"这简单的一句话的强烈共鸣，它就像一把钥匙，开启了她心中尘封已久的大门。她辞去工作，踏上了一场没有明确目的地的旅行。每到一处，她都会尝试当地的特色手工艺，从意大利的皮革制作到尼泊尔的织布，每一种技艺的学习都是她对自我边界的拓宽，每一次双手的触碰都是她与世界对话的新方式。

在旅途中，小荷遇到了形形色色的人，他们的故事如同万花筒，让她看到了生活的多样性和可能性。有一位法国画家，以画笔为友，用色彩记录生命中的每一次感动；一位印度瑜伽大师，教会了她如何在呼吸间找到内心的宁静。这些遇见，如同一滴滴甘露，滋养了她内心那片干涸已久的土壤，让她意识到真正的成长是从敢于走出舒适区开始的。

旅游归来后，小荷不再是那个按部就班的小职员，她开了一家手工艺品店，每一件作品都蕴含着她在旅途中的故事与感悟。店内的每一处装饰，每一束光线，都透露着她对生活的热爱与追求。

小荷的故事，是关于勇气与自我发现的赞歌。她让我深刻理解了"自我重塑，为成长赋予新意"不仅仅是改变外在环境那么简单，而是一种由内而外的蜕变，是对自我认知的深化，是勇于面对内心的恐惧与不安，是在挑战中寻找新的自我定位。我们每个人的心中都有一片未被开垦的荒地，等待着我们去播种，去灌溉，去让它开出属于自己的花朵。

面对生活中的迷茫与困顿，解决之道往往在于敢于迈出第一步。正如小荷所展示的，是时候放下那些束缚我们飞翔的重担了，无论是面对职业的瓶颈，还是内心的枷锁，都要勇敢地踏出舒适区，去尝试，去体验，去学习。每一次尝试都可能成为生命中不可或缺的一课，每一次失败也是通往成功的必经之路。记住，成长的意义在于不断地自我探索与超越，让每一次重塑都成为赋予生命新意义的契机。

让我们像小荷那样，以一颗柔软而坚强的心，去拥抱每一次改变，让生活因此而丰富多彩，让成长的道路铺满鲜花与阳光。在自我重塑的旅途中，我们终将成为那个最想成为的自己，散发出无与伦比的光彩。

成长，本就是一场华丽的变形记。我们拥抱变化，就像蝴蝶破茧而出，每一次挣扎都是为了之后的飞翔。我们收集沿途的风雨阳光，将之熔铸成内心的力量，让每个明天的自己都比今天更加耀眼夺目。这不仅是外表的焕新，更是灵魂深处的觉醒，是对自我价值的深度挖掘与颂扬。

　　所以，让我们带着欢笑与泪水，以无畏之心，持续自我重塑。在这场旅行中，我们不仅为自己书写传奇，更为后来者点亮前行的灯塔，告诉她们：成长，从不是按部就班的旅程，而是不断创造新意，让自己成为不可复制的奇迹。

5

在角色之外，
找寻自我本色

我们身处的世界，常常给我们贴上各种标签，比如"职场女性""母亲""妻子"……这些角色像是一件件华丽的外衣，让我们在社会的舞台上熠熠生辉。但有时候，这些角色也会像面具一样，让我们忘了自己真正的模样。

找寻自我本色，就是在这繁忙的生活中，偷偷溜进后台，摘下那些沉重的面具，看看镜子里的自己，问问她："嘿，你还好吗？你还记得自己真正的梦想和激情吗？"这是一场只属于自己的冒险，也是一场深刻的自我发现之旅。

请记住，无论你在生活中扮演了多少角色，都别忘了那个最真实的自己。因为，那才是你生命中最宝贵的本色。

在这个世界里，我们每个人都扮演着多种角色，如同舞台上的演员，时而优雅，时而坚韧。然而，在这层层面具之下，那份属于自我的本色，却往往被忽略，甚至遗忘。

我认识一个朋友，她叫水云，一个名字里带着宁静与自由的女子。我们相识于一个朋友的聚会上，那时的她，刚刚踏入婚姻的殿堂，眼中闪烁着对未来生活的憧憬。然而,生活的琐碎与压力,却像一把无形的枷锁,逐渐将她那份灵动与热情消磨殆尽。

水云是一位才华横溢的插画师,她的笔下,总能流淌出梦幻般的色彩与故事。然而,婚后的她,却不得不面对婆婆的唠叨、丈夫的忙碌、儿子的哭闹,以及日复一日的家庭琐事。她被生活的重担压得喘不过气来,她的画笔因此渐渐蒙上了灰尘。

一个雨后的傍晚,水云来找我,她的眼里满是迷茫与疲惫。她说:"我拥有多个角色——妻子、妈妈、女儿、儿媳、家务管理者……我唯独找不到自己了,我的本色,我的热爱,都去哪儿了?"

那一刻,我的心被深深触动。是啊,我们每个人在扮演各种角色的同时,是否还记得那个最初的自己,那份对生活的热爱与追求?

我知道,找寻自我本色,并不是一件容易的事。它需要勇气,去对抗那些无形的枷锁;它需要坚持,去守护那份内心的热爱;它更需要智慧,去平衡生活中的各种角色与自我。于是,我与她有了一次很长时间的聊天。

此后,她开始意识到,每个人都有多面性,但它们并不是互相排斥的,而是共同构成了完整的自我。她不再试图将自己局限于某一种角色或身份中,而是学会了欣赏和接纳自己的多面性。

水云开始重新安排她的生活,给自己留出更多的创作时间。她在家中设立了一个小小的工作室,每当有空闲时,她就会沉浸在这个充满色彩与灵感的小天地里。她的丈夫和家人也逐渐理解并支持她的选择,他们看到了水云因为重拾画笔而焕发出的活力。

更重要的是,水云学会了如何在生活中找到平衡点。她不再把家庭和工作看作对立的两端,而是学会了如何将它们和谐地融合在一起。她会带着儿子一起去公园写生,将家庭的温馨与自然的美丽融入她的作品。她也会在晚上为家人准备晚餐时,一边烹饪一边构思新的插画故事。

水云的故事让我明白,找寻自我本色并不是一个孤立的过程,而是一个与家人、朋友以及整个社会共同成长的过程。当我们勇敢地追求自己的梦想和热爱时,我们也在激励着身边的人去追求他们的本色。

所以，对于那些还在角色之外徘徊的姐妹，我想说："不要害怕去追寻你的本色。你不需要放弃你的角色和责任，但你也不应该忘记那个最真实的自己。给自己一些时间和空间，去尝试，去探索，去成长。你会发现，当你活出自我时，你的角色也会变得更加丰富和有意义。"

最后，我想用一句话来结束这个故事："在角色的舞台上，我们都是出色的演员；但在生活的舞台上，我们更应该成为真实的自己。愿我们都能在众多角色之外，找到那份属于自己的、无可替代的本色。"

在这个快节奏的时代，我们常常像旋转的陀螺，为了生活中的每一个角色全力以赴，却忘了给自己按下暂停键。重养自己，不仅仅是一句口号，它更是对内心深处那个小女孩的温柔承诺，是对自我价值的深度挖掘与珍视。

你是一棵树，那些社会赋予你的角色就是枝叶，茂密而繁盛，但若无根深扎土中吸取养分，枝叶再茂也难挡风雨。重养自己，就是回归内心，滋养那看不见的根系，让自己从内而外散发出生命力的光芒。

所以，亲爱的姐妹们，别忘了偶尔从角色的剧本中跳出，为自己导演一场华丽的独角戏。那可以是一段静谧的阅读时光，一场说走就走的旅行，或仅仅是一杯咖啡，一段独处的冥想。在这些平凡又非凡的时间里，你与自己对话，与灵魂共舞，找回那份被日常琐碎掩盖的纯真与激情。

别忘了，你不仅仅是一位职场女性、一位母亲、一位妻子，你更是你自己，一个值得被深爱与呵护的灵魂。在重养自己的旅程中，你将发现，最美的风景不在远方，而在找回自我本色的每一个脚印中。

6

你是他的妻子，
但你不是他的附属品

每个人都是一本独特而深邃的书，封面之下藏着无尽的故事与奥秘。当有人说"你是他的妻子，但你不是他的附属品"时，这句话就如同轻轻掀开了那本书的扉页，透露出婚姻中最微妙的哲学。

你是一颗璀璨的星星，与另一颗星在浩瀚宇宙中共舞，彼此吸引，相互照耀，但你依然是独立运行的个体，拥有自己的轨道和光芒。作为妻子，你与伴侣并肩而立，共享生活的风雨与彩虹，彼此扶持，共同编织家庭的温暖篇章。但这并不意味着你失去了自我，你仍然是那个拥有独立思想、激情与梦想和无限可能的女性。

在这段关系中，"不是他的附属品"强调的是一种健康的界限感与自我认同。你依然是那个热爱阅读到深夜的文艺女子，是那个在厨房里烹饪美食的创意大师，也是那个在职场上挥洒自如的女强人。你没有被任何标签所局限，没有在爱的名义下失去自我探索的勇气和权利。

此刻，我坐在电脑前，望着窗外被夕阳染红的天空，脑海中不禁浮现出好友小苏的生活片段，如同一部略带忧伤的默片，缓缓播放。小苏，一个曾经如晨露般清新、充满活力的女子，她的婚姻生活却成了她灵魂的囚笼。

小苏的丈夫阿杰，一个事业有成却大男子主义的男人，总喜欢在人前炫耀他们的婚姻，仿佛小苏是他成功的一部分，可以随意展示，任意定义。小苏失去了自我，她的爱好、梦想乃至日常选择都被贴上了"阿杰的妻子"这一标签，不再属于自己。

我记得那个雨夜，小苏敲响了我家的门，她眼眶泛红，手里紧紧攥着一本已经泛黄的诗集。那是她学生时代的最爱，她说："我感觉自己像是这本书，被遗忘了很久，封面已旧，内容无人问津。"那一刻，我看到了一个迷失在婚姻中的女人的痛苦，以及其重拾自我价值的渴望。

"你是他的妻子，但你不是他的附属品"，这句话应当成为每一位女性心中的座右铭。它提醒我们，即便是在最亲密的关系中，也要保持独立与精神自由。婚姻不应是占有，而是两个独立个体基于爱与尊重的选择性靠近。小苏的经历让我深刻体会到，找回自我，是幸福婚姻的第一步。

解决之道并非遥不可及。沟通是关键。小苏找了一个恰当的时机，与阿杰坦诚相对，表达自己的感受与需求，让他明白婚姻中的平等与尊重有多重要。同时，她还设立了边界，明确哪些是个人空间，哪些是可以共享的部分。小苏逐步找回了自己的兴趣爱好，她参加社交活动，甚至重启了被搁置的梦想中的项目，这些都是重建自我认同的有效途径。

寻求专业帮助也不失为一个好方法。婚姻咨询或者个人心理咨询能为他们提供专业的视角和解决方案，帮助双方理解对方的需求，学习更健康的相处模式。

最重要的是，小苏学会了爱自己，正如我们常在飞机上听到的安全指示：先给自己戴好氧气面罩，再去帮助他人。只有当她自己充满活力时，才能更好地去爱、去生活。

如今，小苏开始慢慢改变，虽然过程不易，但她脸上的笑容多了，眼中的光又逐渐明亮起来。她的故事给我们的启示是：在爱与被爱的同时，永远不要忘记，你首先是自己，然后才是某人的妻子。

由"你是他的妻子，但你不是他的附属品"这句话延伸开来，可以有"你是孩子的妈妈，但你不是孩子的附属品"这样的句子，然而，更为常见的现象是，有许多妈妈为了孩子放弃工作，成了全职妈妈，成了"孩子的附属品"，而我曾经就是这样一个人。

在无数个黄昏里，我站在小区的活动场上，看着孩子与小伙伴嬉戏，心中五味杂陈。我是孩子的妈妈，这个身份让我感到无上的荣耀与幸福，却也伴随着难以言说的失落。曾几何时，我也是一个有着远大职业理想的女性，然而，当孩子降临时，我做出了选择，放弃了快节奏的工作，成为全职妈妈。日复一日，我沉浸在孩子的世界里，从清晨的牛奶到夜晚的故事，我的生活轨迹几乎完全围绕着孩子旋转。在这个过程中，我变成了"孩子的附属品"，而不再是那个有着独立梦想和追求的我。

后来，我意识到，除了是孩子的妈妈，我还是丈夫的妻子，更重要的是，我首先是我自己的。我开始反思，如何在母爱的伟大与个人成长间找到平衡点，让自己不至于在这份无私的奉献中彻底消失。

于是，我开始了微小却坚定的改变。第一步，我与丈夫深入交谈，与他分享了我内心的矛盾与渴望。他听后，给予了我极大的支持与理解。我们共同制订了家庭计划，确保每周我能有几个小时的时间，用于个人发展和兴趣培养。

我在家里开辟了一个小小的角落作为工作区，重拾旧业，虽然只是兼职撰稿，但这让我感到无比满足。我报名参加了在线课程，提升自己的专业技能。那些久违的思维碰撞让我兴奋不已。

同时，我也鼓励孩子学会独立，让孩子知道妈妈也有自己的事情要做。我们一起设立了"妈妈时间"，在这个时间段，孩子会自己玩耍或完成作业，而我则专注于自己的事情。这样的安排不仅让我有了喘息的空间，也让孩子学会了尊重他人的时间与界限。

如今，我的心中不再有遗憾。我依然是孩子温暖的港湾，是丈夫携手同行的伴侣，但更重要的是，我找回了自己，那个拥有独立思想和梦想的女性。这段经历教会了我，爱家人之前，先要学会爱自己，因为只有我们自己活得精彩，才能更好地照亮他人的人生。

爱是相互的，你因为爱而失去自我，所以你需要重养自己。在爱的旅途中，保持自我，尊重差异，让两颗心因为相互理解与尊重而更加紧密。记住，你是他生命中的重要旅伴，但你首先是你自己，一颗在宇宙中光芒四射的星星。你要在这场美妙的舞会中，与他一起优雅地旋转，既享受携手的温馨，也不忘展现自我的光芒。

7

重拾梦想，
为己辛苦为己甜

在人生的舞台上，每个女性都扮演着多种角色：妻子、儿媳、母亲、女儿……我们常常忙于扮演好这些角色，以至于忘记了自己也是独立的灵魂，拥有追求个人梦想的权利。当我们开始重拾那些久违的梦想时，就像是打开了潘多拉魔盒——只不过不是释放灾难，而是释放无限可能。

为己辛苦，是因为我们知道，追求梦想的路上不会一帆风顺。这是一条充满挑战的路，可能会有泪水、会有疲惫、会有质疑。但正是这些艰辛，才让最终的成果变得更加珍贵。就如同烹饪一道复杂的菜肴，每一步都需要精心准备，每一次调味都要仔细斟酌，只有这样，才能烹制出令人难忘的美味。

为己甜，则是对这份辛苦最好的回报。当你站在舞台中央，展示自己的才华时；当你完成一件作品，感受到前所未有的成就时；当你在自己的小世界里，创造出一片属于自己的天地时：那种甜蜜与满足感，是任何言语都无法完全表达的。它像是冬日里的一缕阳光，温暖而明亮，照亮了前行的道路。

因此，不论你的梦想是什么，不论你现在处于什么样的阶段，都请记得：重拾梦想，为己辛苦为己甜。这不是一场孤独的旅程，而是一次自我探索与成长的机会。当你勇敢地迈出那一步时，你会发现，那些曾经遥不可及的梦想，其实就在不远处等着你。

我有一个朋友，是一位优秀的儿童绘本画家，曾一度迷失在生活的琐碎与压力中。我认识她时，她是一家知名广告公司的项目经理，每天穿梭于高楼大厦间，处理着一个又一个紧急的项目，生活被工作填得满满当当。

在一次聊天中，我问她："你还记得小时候的梦想吗？"她笑了，笑得有些苦涩，说："梦想啊，早就被现实磨平了棱角。现在我只想做好手头的事，过安稳的日子。"

她的梦想，其实是成为一名儿童绘本画家。小时候，她总能用简单的线条勾勒出心中的奇幻世界，每一笔都饱含情感与色彩。她的房间里贴满了自己画的作品，每一幅都充满了她天马行空的想象。

然而，随着年岁的增长，那份对艺术的热爱逐渐被生活的重压所掩盖，直到某一天，她在整理旧物时，无意间翻出了那本早年画的尘封的绘本，那些色彩斑斓的画面瞬间唤醒了她内心深处的渴望。那一刻，她意识到生活不应该只是日复一日的重复，还应该有属于自己的甜蜜与梦想。

于是，她尝试着在忙碌的工作之余，重拾画笔。起初，她只能在深夜挤出一点时间，画几笔简单的草图。但渐渐地，她发现自己越来越沉迷于这个过程，每一次笔触都像是在与自己对话，每一次色彩的叠加都是心灵的释放。她开始参加线上的绘画课程，利用周末或假期去博物馆、动物园寻找灵感。

然而，重拾梦想的路并不总是一帆风顺的。她面临着时间管理上的挑战，工作的压力与个人的追求常常让她感到分身乏术。然而，当她鼓起勇气向家人和朋友分享自己的新爱好时，得到的不是完全的理解和支持，而是"何必呢，现在的工作不是挺好的吗？"这样的质疑声。但她没有放弃，因为她知道，为自己而活，为自己的梦想而努力，本身就是一种甜蜜。

有一次，她为了参加一个儿童绘本创作大赛，连续熬了几个通宵，几乎把所有的业余时间都用到了创作上。她的眼里布满血丝，手指也因为长时间握笔而酸痛不已。但当她终于完成那本充满心血的作品，并成功入围决赛时，那种成就感和喜悦让她觉得所有的辛苦都是值得的。

她的故事让我深思。在这个快节奏的社会里，我们往往因为外界的声音而忘记了倾听内心的呼唤，忘记了每个人都有权利去追求那份属于自己的"为己辛苦为己甜"。重拾梦想，不仅仅是为了实现某个具体的目标，更是一种自我价值的探索与实现，是对生活品质的提升，是对心灵的滋养。

她最近出版了一本自己的儿童绘本，故事富有奇趣，充满了温情和力量。这本书不仅受到了读者的喜爱，也让她在儿童绘本领域站稳了脚跟。她用画笔勾勒出的世界，既是对过去的告别，也是对未来的期许。

她如今已经是一名小有名气的儿童绘本画家，她的作品充满了对童心的关爱与对梦想的执着。每当看到她分享的新作时，我都能感受到那份"为己辛苦为己甜"的幸福。愿我们每个人都能像她一样，勇敢地走在追求梦想的路上，因为所有的辛苦终将化作生命中最甜的果实。

"重拾梦想，为己辛苦为己甜"，这句话仿佛是给所有人的一封情书，一封来自内心深处的情书。它让我们想起那些被岁月遗忘的梦想，那些在忙碌与责任中被暂时搁置的愿望。但请记住，梦想永远不会离我们而去，它们只是在等待一个契机，等待我们再次拥抱它们。

同时，这也是一个重养自己的过程，意味着我们要重新滋养自己的心灵，关注自己的内心需求，给予自己成长的空间和机会。在这个过程中，我们学会与自己和解，学会倾听内心的声音，学会在繁忙的生活中找到属于自己的那份宁静与满足。重养自己，不仅是为了梦想，更是为了成为更加完整、更加幸福的自己。

8

突破职业界限，
拥抱无限可能

在职场的舞台上，每个人都是一位勇敢的探险家，而"突破职业界限，拥抱无限可能"便是我们的探险指南。这句话如同一盏明灯，照亮了前行的道路，激励我们超越既定的角色框架，勇敢地探索未知的领域。

这意味着我们要敢于打破那些无形的天花板，挑战那些看似遥不可及的梦想。无论是在科技前沿挥洒汗水，还是在商海中乘风破浪，抑或是在艺术殿堂里翩翩起舞，我们都可以凭借自己的智慧与勇气，开辟出一片属于自己的天地。

作为女性，我们拥有细腻的情感、敏锐的洞察力及坚韧不拔的精神。这些特质不仅让我们在传统的职业领域中大放异彩，更能在新兴行业中发挥独特的优势。所以，不要让任何标签限制你的想象，勇敢地追求那些让你心跳加速的目标吧！

在这个五彩斑斓的世界里，我有一个朋友，她曾是那个在会计室里默默无闻的小会计，每天与数字为伍，生活仿佛被设定好的程序，一成不变。但她的心中却藏着一个不为人知的梦想——成为一名画家，用画笔描绘生活的温柔与热烈。

起初，这个梦想在她心中只是一束微弱的火苗，周遭的质疑声如同冷风，试图将它熄灭。"画画？那是会饿死人的，你确定吗？"这样的话语，她听过太多。但她偏偏不信。她开始利用每一点挤出的时间，学习绘画技巧，从晨光初现到夜幕低垂，在她的画布上，世界变得不再平凡。

终于有一天，她的作品在网络上引起了轰动，那些曾被忽视的日常在她的画笔下散发出不凡的光彩。她就这样突破了职业的界限，拥抱了属于自己的无限可能。她的故事，像一首温柔的诗，告诉我：在这个世界上，没有什么能够真正限制一个心怀梦想的人。

我们身处的时代，虽然给了女性更多的舞台，但偏见与束缚依旧如影随形。要突破首先需要自我觉醒，认识到自己的潜能与价值，不被外界的标签所定义。正如她选择了一条少有人走的路，却也因此看见了不一样的风景。

突破界限，在于勇气与坚持。勇气，是面对未知时那份不退缩的力量；坚持，则是在每一个想要放弃的瞬间，告诉自己再走一步的鼓励。同时，我们也要学会自我投资，不断学习新知识，提升自己的专业技能，让内在的光芒更加耀眼。

更重要的是，要为自己建立支持系统，寻找那些愿意为你鼓掌、为你点灯的人。在她的背后，就有这样一群朋友，她们相互鼓励、共同成长，让寻找梦想的旅程不再孤单。

所以，亲爱的，无论你此刻正站在哪里，都请相信，你有力量突破任何职业的界限，去拥抱那片属于你的无限可能。生命之美，就在于不断探索与超越。

我认识一位大哥，他的女儿自小就是个数学迷，在她的世界里，数字与公式编织着最绚烂的梦。高考那年，她满怀憧憬地想要报考数学系，却意外被金融专业录取。大学时，她尝试转专业，却未能如愿，那份对数学的挚爱似乎只能深埋心底，化作午夜梦回时的一抹温柔。

然而，生命之所以美丽，正是因为它从不设限。毕业后，她踏入金融界，成为一名干练的职场人，但她心中对数字的那份热爱从未熄灭。某个平凡的周末，她做出了一个不平凡的决定——参加教师资格考试。那是一段默默耕耘的日子，她白天在职场穿梭，夜晚则沉浸在数学的海洋中，为梦想铺路。最终，当她手持那张沉甸甸的教师资格证，站在高中数学课堂的讲台上时，我知道她找到了属于自己的星辰大海。

在这个时代，我们常常被既定的框架束缚，忘记了内心的声音。然而，只要心中有梦想，何时启程都不晚。职业，不过是实现自我价值的舞台，真正的热爱能够跨越一切障碍，引领我们走向心灵的归宿。

那么，对于那些同样在职业道路上寻觅自我、渴望突破界限的灵魂，我想说的是："首先，请勇敢地倾听内心的声音，那是最真实的指引；其次，不要害怕尝试与失败，每一次转折都可能是通往梦想的桥梁；最后，保持学习的热情，无论身处何方，都能为自己的热爱开辟出一条道路。"

生活，本就是一场华丽的冒险。让我们像这位大哥的女儿一样，即使被命运的洪流推向未知的彼岸，也要勇敢地扬起风帆，驶向心中那片璀璨的星空。因为，只有敢于突破界限，才能拥抱生命中那些看似遥远，实则触手可及的梦想。

在这个多彩的世界里，每个人都是一颗独一无二的星星，拥有无限的潜能与光芒。重养自己，不仅仅是一场对外的职业探险，更是一次深刻的内在觉醒之旅。它意味着我们要勇敢地追随内心的热爱，不畏挑战，不惧失败。同时，我们也要学会滋养自己的心灵，不断进行自我投资，让内在的光芒更加耀眼。

生命的舞台从不设限，只要我们敢于突破、勇于探索，就能拥抱那片属于自己的璀璨星空。所以，亲爱的，让我们一起重养自己，以自己的智慧和勇气，创造属于我们的无限可能！

第四章

化蛹成蝶，重养是一场自我重塑的大戏

▼

重养自己，从心开始。学会远离内耗，与烂人烂事勇敢切割，断掉折磨的情感；发现并珍惜身边的美好，自爱为先；在爱与被爱中治愈……重养之路，化蛹成蝶，展现独属于你的美丽。

1

远离那些
让你内耗的烂事

你是否也曾被那些生活的杂草缠绕，让心灵的花园失去了往日的生机？要记得，适时地挥舞手中的剪刀，修剪掉那些汲取你养分、遮挡你阳光的烂事。这不是自私，而是自我爱护的优雅姿态。正如你精心挑选花盆里的每一株植物，让它们和谐共生，你的生活也需要这样的筛选与布局。

想象自己是那位勇敢的园艺师，用智慧和决心为自己的世界除虫施肥。不妨从设立个人边界的那一刻开始，学会说"不"，这简单的一个字，是自我尊重的宣言，让那些试图侵扰你心灵的噪声逐渐消散。然后，用热爱之事灌溉心灵——不论是沉浸于文字的海洋，还是舞动于色彩斑斓的画布，甚至只是静静品一杯茶，凝视飘浮的一朵云，都是对自我最温柔的抚慰。

亲爱的，把那些让你心力交瘁的事统统丢进垃圾桶吧！它们就像是一双双不合脚的高跟鞋，美丽却让人痛苦不堪。生活不是一场无尽的折磨，而应该是充满乐趣和自我成长的旅程。当你学会对那些无谓的纠结和消极情绪说"再见"时，你会发现世界突然变得宽广起来。你的心情如同阳光下欢快跳跃的浪花，明亮、清新、又充满活力。

曾经有段时间，我陷入了工作的泥潭，每天面对电脑屏幕上密密麻麻的数字和表格，心里就像覆盖了一层厚厚的灰尘。那些看似重要的截止日期、会议和应酬，像是无形的锁链，拴住了我飞翔的双翼。我开始焦虑，每晚失眠，肤色暗淡，笑容更是成了稀缺资源。

有一天，友人寄来一本关于简约生活的书，书中提到"远离那些让你内耗的烂事"，这句话犹如晴天霹雳，猛然击中了我内心深处最柔软的部分。我开始反思，那些无休止的加班、应酬、追求完美，还有那些无谓的担忧和比较，究竟给我带来了什么？

于是，我决定开始断舍离，不仅是物质上的，更是心灵上的。我学会了说"不"，对于那些无关紧要，却又消耗我大量精力的事，我开始尝试推掉。我学会了优先处理真正重要的工作，其他的就让它随风去吧。

我发现，时间仿佛变得多了起来。我开始重新投入写作。每天晚上，即使只写几行字，我都能感受到思绪在文字中闪烁的快感。文字间的我，仿佛也慢慢从束缚中解脱出来，变得鲜活起来。

写作，对我来说，是一种治愈。它能让我把那些凌乱的思绪，像拼图一样一块块拼凑起来，形成一个完整的故事。每当我在键盘上敲击出一个个字母时，那些沉重的情绪就被逐渐释放，转变为一段段有力的文字，让我感到无比的轻松与满足。我也开始重新联系旧友，重拾那些曾经因为忙碌而渐渐淡出的友情，我们分享着各自的生活。那些简单但真实的快乐，让我感觉到温暖。

我还学会了冥想。每天清晨，当第一缕阳光洒进窗台时，我会在瑜伽垫上静坐，感受呼吸。那些烦恼、焦虑在这静谧中慢慢溶解，我的心灵得到了真正的安宁。

现在的我，不再被那些所谓的烂事牵制，我学会了专注于当下，珍惜眼前。生活，原来可以这么简单，又这么丰富。

如果你也正被生活中那些无形的枷锁束缚，不妨停下脚步，深呼吸，认真思考哪些事是真正值得你花费心思的。记住，远离那些让你内耗的烂事，这不仅是一种选择，更是一种对生命深深的爱。让我们一起寻回那个最真实、最轻松自在的自己吧。

在这个喧嚣的世界里,我们总免不了被各种琐事缠绕,有时候这些琐事就像无形的绳索,一点点地消耗着我们的精力,让我们疲惫不堪。就拿我曾经的一个室友来说吧,她是个温柔又坚韧的女孩,有一段时间,我发现她总是眉头紧锁,眼神里少了些往日的光彩。

她的工作本就需要高度的专注力与创造力,可偏偏这段时间,办公室里的人际关系变得复杂起来,一些无端的指责和小团体的排挤让她倍感压力。每天下班回家,她不再是那个热衷于分享生活点滴、对未来充满憧憬的女孩,而是沉浸在一种难以言喻的疲惫中。我看在眼里,急在心里,知道是时候和她聊聊了。

我对她说:"你得学会远离那些让你内耗的烂事。生活本就不易,我们没必要把时间和精力浪费在无意义的事情上。记住,你的价值不是由别人的口舌定义的,而是由你自己的内心和行动决定的。"

于是,她开始建立清晰的界限,对于那些不属于自己职责范围或是无理的任务,勇敢地表示拒绝;她还久违地拿起了画笔,让画画成为心灵的一处避风港,帮助她在忙碌与压力之外找到一片宁静之地;更为重要的是,她定期与自己对话,反思哪些人和事真正值得投入情感与精力,哪些人和事只是生命中的过客,不值得过分纠结。

她开始尝试着做出改变。她学会了更加果断地处理工作中的问题,每晚都会抽出时间沉浸在色彩的世界里。几个月后,她的眼睛里又闪烁起了对生活的热爱和对梦想的追求。

我们这一生,会遇到许多不如意的事,但你是自己故事的主角,有权选择让哪些情节留下,让哪些情节随风而去。远离那些让你内耗的烂事,这不是逃避,而是一种智慧,是对自己负责的表现。当你学会了这一点时,就会发现,生活其实可以更加简单、美好。

红尘中,我们每位女性都像是一朵花,渴望着阳光的亲吻与雨露的滋养。重养自己,就是那把开启自我复苏之旅的钥匙,让我们在生活的荆棘中散发出最耀眼的光芒。

请记得,我们每个人都有能力成为自己的太阳,无须凭借他人的光芒。在自我重养的旅程中，我们将学会如何在风雨之后依然以最美的姿态站立，散发出更加坚韧与绚烂的光芒。就让过去的阴霾成为沃土，滋养出一个更加强大、更加自信的自己吧。

所以，别再让那些无谓的内耗剥夺你应有的光彩。拥抱每一个清晨，就像拥抱着新生的自己，告诉世界：我，就是那朵在逆境中灿烂绽放的花，无畏、自由、美丽。请在重养的道路上，奔赴这场属于你的华丽蜕变，活出生命的无限可能。

2

断掉让你
受折磨的感情

在人生的剧本里，我们既是编剧也是主演，而那些与我们对戏的角色——无论是爱情中的主角，还是友情里的知己，都可能在某一幕落下时，从甜蜜的源泉变成心灵的枷锁。"断掉让你受折磨的感情"这句话，就像是一支清醒剂，它不仅仅是一句决绝的告别，更是对自我成长的一次深情邀约。

想象一下，你手持一盏魔法灯笼，在情感的森林中探秘，那些曾经照亮你前行的光，偶尔也会变成迷雾中的幻影，让人迷失方向。这时，要勇敢地熄灭那不再引领你前行的灯火，虽然会有一时的黑暗与寒冷，但正是这样的决断，为你赢得了重新点亮生命之光的机会。

在爱情的剧本里，或许曾有人让你觉得"你是风儿我是沙"，但当风停沙散，继续纠缠只会让彼此困在无尽的沙漠里。放手，是为了让自己有机会遇见那片绿洲，那里有更适合你栖息的温柔乡。

至于友情，它本该如同山间清澈的溪流滋养心灵，但若变成了阻隔你流向大海的泥潭，从中抽身而出，就是对自己的一种慈悲。真正的友情应当相互成就，而非消耗彼此。

那晚，我与好友小艾坐在一家咖啡馆里，窗外灯火阑珊，店内是爵士乐的低吟浅唱。小艾端着一杯卡布奇诺，眼睛里闪烁着复杂的情绪，她缓缓开口，讲述了那段让她备受折磨的爱情故事。

小艾深陷于与阿东的感情漩涡。阿东，一个才华横溢却性格多变的男人，他的出现如同夏日里的一场暴雨，让小艾的世界瞬间充满了电闪雷鸣的刺激和不安。起初，这一切的不确定性让小艾感到新鲜而刺激，但很快这段关系便显露出它的另一面——无尽的猜疑、控制，以及深夜里无休止的争吵。

"我曾以为，爱情就该是不顾一切地燃烧，哪怕最终化为灰烬。"小艾轻声说道，嘴角带着一丝苦笑。然而，随着时间的推移，这份感情带给她的不再是激情与心动，而是无尽的痛苦与自我质疑。她开始怀疑自己，是否真的值得被如此对待，是否还能找回那个独立而自信的自己。

我劝小艾断掉这段感情，那天，我们聊了很久。最后，她说："我试试吧。"

于是，小艾开始了她的"断情"之旅。这是一场勇敢的自我救赎，也是一次心灵的洗礼。她开始重新规划自己的生活，不再围绕着另一个人转，而是专注于个人的成长与提升。她报名参加了瑜伽课程，让身体与心灵在每一次呼吸中得到放松与净化；她重拾了学生时代的摄影爱好，镜头下的世界让她重新发现了生活中的美好与细腻。

更重要的是，小艾学会了与自己对话，她开始在日记中记录每天的心情与感悟，那些文字如同治愈的药膏，一点点愈合着她内心的伤痕。她意识到真正的自由与快乐来自内心的平静与自我接纳，而非外界的评价或关系的捆绑。

"断掉受折磨的感情，不是残忍，而是对自己最大的温柔。"小艾在日记中这样写道。她学会了在独处中寻找力量，在自我成长中找回了丢失的自信与光芒。

我曾与一位旧友经历过一段无话不谈的同学时光。我们的友情像春日里绽放的花朵，绚烂而热烈。我们在傍晚的操场上交换着彼此的梦想，夜晚的星空下诉说着对生活的无尽憧憬。那时的我们以为这份情谊会如细水一样长流，永不干涸。

然而，一场作文竞赛的来临，悄然在我们之间投下了阴影。我们满怀期待地一同参赛，然而，当结果揭晓时，只有我获得了那份荣耀的奖项。那一刻，她的笑容变得僵硬，眼中的星光也似乎黯淡了许多。

起初，我并未察觉这种变化。我试图与她分享我的喜悦，却意外地发现，她已无法再以昔日的纯真与我共鸣。嫉妒如同一条毒蛇，悄然侵蚀了我们的友情。她的话语开始变得阴阳怪气，每一次的相聚都充满了无形的压力。我试图挽回，却终究无法抵挡那股由嫉妒衍生的冷漠与疏离。

我深知这份友情已经变质，它不再是滋养我心灵的源泉，而成了束缚我灵魂的枷锁。于是，我做出了一个艰难的决定——断掉这段让我受折磨的友情。那一刻，我的心如同被撕裂了一般，但我明白，唯有如此，我才能重新找回那个在星空下自由憧憬的自己。

这么做并非逃避或报复，而是理解与释怀。我学会了将这份经历视为生命中的一种磨砺，它让我更加深刻地理解了人性的复杂与多变。我告诉自己，每个人都有属于自己的光芒，无须因他人的辉煌而黯淡。真正的成长，在于学会在嫉妒与挫败的情绪中寻找自己的价值。

每一次"断"，都是自我重塑的开始，是心灵深处的自我对话与和解。它教会我们，不是所有的坚持都有意义，适时放手，是为了更好的拥有。就像是给心灵的花园除草，虽然过程会疼痛，但唯有如此，那些真正滋养你、让你心灵之花盛开的情感才能在阳光下自由生长。

不要害怕"断"，它不是放弃，而是选择了更高品质的生活态度。你值得被更好的情感拥抱，值得在人生的舞台上演绎属于自己的精彩大戏。每一次勇敢的"断"，都是为了迎接一个更加强大、更加自由、更加真实的自我。

3

找回内心的
勇敢和自信，做回自己

我们常常在生活的喧嚣中，不自觉地把真实的自己藏在了层层叠叠的角色之后。但你知道吗？内心的勇敢，就像是那件你一直舍不得穿的华丽礼服，而自信则是那双能让你翩翩起舞的水晶鞋。是时候穿上它们走进生活的舞池，不再担心别人的眼光，只跟随自己的心跳舞动了。

因为这个世界只有一个无可复制的你，勇敢地做自己，才是最动人的旋律。所以，别再犹豫，大步向前，做回那个光芒万丈的自己吧！

小林是一个温婉的女子，她的笑容如同初夏的微风，轻轻拂过便能带来一丝清凉。她与阿昆的爱情故事，曾令众人羡慕不已。他们在一起的时光，甜蜜得仿佛连空气都散发着恋爱的气息。然而，随着时间的推移，这段感情逐渐失去了最初的平衡。

阿昆是个很能干的男人，也是一个有较强控制欲的男人，总是对小林提出各种他期望的要求。小林很爱他，一再迁就他。渐渐地，小林放弃了自己的梦想，放弃了与朋友们相聚的时光，改变了自己的穿衣风格，等等。

但爱情并非单向的付出，它需要双方的理解和支持。终于有一天，小林意识到，她已经不再是那个充满梦想和激情的女孩了。她开始反思，这样的牺牲真的值得吗？她还能找回曾经那个勇敢追梦的自己吗？

在内心经历了无数次的挣扎之后，小林鼓起勇气，选择了放手。那晚，她坐在公园的长椅上，望着满天星斗，心中五味杂陈。她拨通了阿昆的电话，声音坚定而平和："阿昆，我们结束了。"

那一刻，仿佛整个世界都安静了下来。小林感到了前所未有的轻松，仿佛卸下了千斤重担。她重新拾起那些快要被遗忘的梦想，也开始频繁地与朋友们相聚，享受着久违的欢笑。

如今的小林，已然不再是那个为了爱情而失去自我的女孩了。她变得更加独立，也更加自信。她开始明白，真正的爱情应该是相互成就，而不是单方面牺牲。她学会了如何爱自己，如何在纷扰的世界中保持内心的坚强与勇敢。

我们都曾在爱的路上跌跌撞撞，有时会迷失方向，但只要我们愿意停下脚步，倾听内心的声音，就会发现，最初的那份勇敢和自信从未远离。就像小林一样，在我们找回了自己后，便能够勇敢地面对一切挑战，自信地走在自己的人生路上。

生活就像一场旅行，我们每个人都在寻找着属于自己的风景。而真正的美丽往往来自那份勇敢与自信，它们让我们在任何情况下都能够坦然地做回自己。

在这个喧嚣的世界里，我曾是一只迷失方向的飞鸟，羽翼虽丰满，却忘了如何翱翔。生活的琐碎与挑战，像一场突如其来的暴风雨，淋湿了我的梦想，也模糊了我心中的那片天空。写作，这个曾经让我灵魂起舞的爱好，也在不知不觉间被尘封在了岁月的角落。

直到有一天，我在一本旧日记里偶然翻到了自己年少时的一句誓言："我要用文字，编织出属于自己的星辰大海。"那一刻，那颗沉睡已久的种子，在我的心田中发芽了。我意识到，太久没有倾听自己内心的声音，太久没有给那份热爱以滋养。于是，我决定重拾梦想，找回那份遗失的勇敢与自信。

起初，面对空白的屏幕，我的思绪如同干涸的河床，无从下笔。外界的质疑声也如影随形，"你行吗？""写作能给你带来什么？"但这一次，我选择了沉默，用行动作为最响亮的回答。我开始阅读，广泛涉猎知识，让心灵在知识的海洋里遨游；我开始坚持写作，哪怕只是零星的片段，也是灵魂的低语。每一个字符，都是我对自我的探索，对梦想的坚持。

"找回内心的勇敢和自信，做回自己"，这不仅仅是一句口号，更是一场心灵的革命。我们需要在生活的洪流中，勇敢地站定，告诉自己："我有权利追求我所爱，有能力实现我的梦想。"这需要我们不断地自我对话，挖掘那些被忽视的梦想和潜能，更需要在实践中磨砺自己，用行动证明自己的价值。

每个人的生命都是一场别具一格的旅程，不必急于成为他人眼中的风景，而是要勇敢地活出自己的色彩。当我们真正找回内心的勇敢和自信，做回自己时，我们会发现原来生命可以如此绚烂、如此自由。

重养自己不仅仅是一种生活的态度，更是一场心灵的盛宴。我们要学会在纷扰的世界中，为自己的心灵松绑，为梦想插上翅膀。找回内心的勇敢和自信，就像是为自己的灵魂穿上一件华美的外衣，让我们在人生的舞台上，优雅地起舞。

记住，每一次的重养，都是对自己最深的爱。所以，让我们勇敢地做自己，用那份别具一格的魅力，点亮这个世界，让生活因我们的勇敢和自信而更加精彩纷呈！

4

不再做
讨好型人格的人

你也许曾是那个努力踮脚,试图取悦每一个人的舞者,以为这样,舞台的灯光就会永远为你停留。但亲爱的,是时候脱下那双磨脚的红舞鞋,不再做那个讨好型人格的人了。

因为你是一朵美丽的花,你绽放不是为了迎合所有路过的蜜蜂和蝴蝶,而是为了展示自己的那抹颜色和芬芳。你无须在每场雨后都低头弯腰,乞求别人的伞为你遮挡,因为你的花瓣足够坚韧,能承载雨水,也能享受阳光。

请记住,做自己宇宙的主宰,不再扮演别人剧本中的配角,你的故事,由你执笔,无须讨好,只需精彩。在这个舞台上,你是最耀眼的存在,不是因为别人的目光,而是因为内心的光芒。

小桃,一个名字里藏着春天气息的女子,却在很长一段时间里被自己心中的冬天紧紧包裹。小桃的故事,如同一本细腻的书,每一页都书写着"讨好"二字,而她的转变则是一场从冬至春的华丽蜕变。

小桃从小就是那个"别人家的孩子",她成绩优异,举止得体,脸上总是挂着温婉的微笑，对谁都是一副和颜悦色的模样。她虽像是一个完美的瓷娃娃，却在无人的角落里，藏着一颗易碎的心。她习惯于满足他人的期待，无论是父母的严苛要求，还是朋友的随口请求，甚至是同事间不经意的推诿，她都默默承受，仿佛"拒绝"二字从不属于她。

她的爱情故事，更处处是讨好型人格的缩影。男友的每一个愿望，即便是无理的要求，她都会尽力达成，哪怕是牺牲自己的喜好和时间，她以为这就是爱的表达。直到有一天，当男友提出分手时，理由竟是"你太没有自我了"，那一刻小桃的世界崩塌了。她不明白，为何自己全心全意地付出，换来的却是这样的结局。

我见到小桃的时候，她正处于人生中最灰暗的时刻。她的眼神里，满是对自己的质疑和困惑，仿佛迷失在一片浓雾之中，看不清前方的路。我拉着她的手，轻声说："亲爱的，是时候找回那个迷失的自己了。"

小桃的转变，是从一次小小的旅行开始的。她逃离了熟悉的城市，来到了一个宁静的海边小镇。在那里，没有熟悉的面孔，也没有任何期待需要她去满足。她开始尝试做一些以前从未做过的事情，比如一个人在沙滩上漫步，看日出日落，或是坐在海边的咖啡馆静静地看着海浪拍打岸边，什么都不想，只是放空自己。

在那个宁静的环境中，小桃开始反思，是什么让她习惯了讨好，又是什么让她失去了自我。她逐渐意识到，长久以来，她总是把别人的感受放在第一位，却忽略了自己内心的声音。她开始练习说"不"，哪怕是在小事上。比如有一次，朋友们提议去看一部她并不感兴趣的电影，以往的她或许会选择顺从，但现在她微笑着说："其实我更想看那部文艺片，你们有兴趣一起吗？"这句话虽轻柔，却如同在平静湖面上投下了一枚石子，激起了层层涟漪。

她还参加了一个自我成长的工作坊，那里汇聚了许多和小桃有着相似经历的人。在导师的带领下，大家学会了如何设定边界，如何正视自己的需求，更重要的是如何爱自己。

随着时间的推移，小桃像是脱胎换骨一般。她学会了穿着自己喜欢的衣服，而不是为了迎合别人的审美；她开始追求自己的梦想，报名参加击剑课程，那是她小时候的一个秘密爱好，却为了扮淑女形象"讨好"别人而被压制了；她甚至勇敢地拒绝了不适合自己的工作机会，转而寻找那些能让她激情燃烧的项目。

如今的小桃已不再是那个总是带着讨好微笑的女子了，她的眼神里多了几分坚定和自信。她学会了在爱别人之前，先好好爱自己。她明白了真正的关系是建立在相互尊重和理解的基础上的，而不是单方面的迎合与牺牲。

　　如果你也正处在讨好型人格的困扰中，不妨借鉴小桃的故事，给自己一个机会，勇敢地迈出那一步。记住，你不是为了满足他人的期望而活，你是自己生命故事的作者。学会说"不"，不是冷漠，而是对自己的一份尊重；学会爱自己，是人生最美好的修行。在这条自我发现的旅程中，愿你我都能散发最真实的光彩。

　　亲爱的，如果你是讨好型人格的人，立即与内心的"讨好小精灵"说再见吧！别再让那个小家伙操控我们，让我们在生活的舞台上只为别人翩翩起舞。

　　重养自己，就是要学会说"不"，这个字不再沉重如铅，而是一种轻盈的释放，是给自己的一份温柔宣言。你开始懂得，真正的魅力在于那份从容不迫的自信，你知道自己的价值所在，不依附、不谄媚，只为自己灿烂。

　　于是，你学会了在人际关系的丛林中，以自己的节奏行走，不再为了得到别人的认可而委屈自己。你开始珍视自己的感受，就像精心布置自己的小窝，每一处细节都符合心意，舒适而自在。

　　在这个旅程中你会发现，当你开始真正地重养自己、爱自己时，整个世界都会以最美的姿态来回应你这份闪耀的自我之爱。

5

去做一件你一直想做
而又没做的事

"去做一件你一直想做而又没做的事",这句话简直就是我们的梦想密码呀!想象一下,那些一直在你脑海里打转的事情,就像藏在宝箱里的宝藏,等着你去挖掘呢!可能是学习游泳,可能是挑战一次高空跳伞,也可能是穿上那条一直不敢穿的超短裙。不管是什么,请大胆去尝试吧!人生就这么一次,为何不去拥抱那些让我们心跳加速的事情呢?别再犹豫啦,向着梦想冲吧!

我,一个以文字为伴的女子,心中总藏着那么一个温柔的秘密——独自旅行,去一个遥远而陌生的地方,那里没有熟悉的面孔,没有日常的琐碎,只有我和我的笔记本,以及一串串未完的故事。这个想法如同一颗种子在心底悄然生根发芽,却因种种缘由,迟迟未能实现。

直到有一天,我在一本泛黄的日记里,再次遇见了那个曾经的自己——满腔热血,对未来充满无限憧憬。那一刻,我仿佛被时间轻轻一推,决定不再让梦想只是梦想。于是,我收拾行囊,买了一张前往云南的车票,那是一个充满诗意的地方。

旅途中,我遇见了形形色色的人,听到了许多未曾听闻的故事。我在大理的洱海边，看着日出日落，心中的情感如同潮水般汹涌；在丽江的小巷里，我迷失了方向，却也找到了内心的宁静。原来，那些看似遥不可及的梦想，一旦付诸行动，竟能如此真实地触碰。

回来后，我意识到，我们每个人都有那么一件或几件一直想做而没做的事，它们或许因为害怕、懒惰或是外界的束缚而被无限期搁置。但生命短暂，何不勇敢一些，给自己一个机会，去体验那份未知的喜悦与成长？

我们要承认那个梦想的存在，给它一个正名的机会；然后，制订计划，哪怕是最微小的第一步，比如购买一张车票、预约一次课程，都是对梦想的致敬；接着，学会放下担忧，相信每一步的安排都有其意义；最后，享受过程，完成比完美更重要，旅途中的风景往往比终点更加迷人。

生活，不就是一场华丽的冒险吗？去做那件你一直想做而没做的事吧，不为别的，只为了证明给自己看，你比想象中更勇敢、更自由。因为，每一个实现的梦想，都是对自己最深情的告白，也是给这个世界最温柔的回应。在未来的日子里，愿你我都能以梦为马，不负韶华。

我的家族中有这样一位表姐，她在众人眼中总是温婉而沉静，如同春日里最温柔的一缕风，悄无声息地穿梭在生活的每一个角落。然而，她的心中却藏着一个未曾与人分享的梦想——成为一名舞者，在舞台上翩翩起舞，用肢体诉说那些只属于她的故事。

这个梦想，对于从小就生活在传统家庭中的她来说，似乎是遥不可及的。长辈们的期望、社会的条条框框，如同一张无形的网，将她紧紧束缚。她顺从地走上了那条看似稳妥的道路，成为一名会计，日复一日，与数字为伴，生活平淡无奇，却少了那抹令人心动的色彩。

然而，她的故事并没有就此结束。在她30岁那年，一个偶然的机会，她路过一家舞蹈工作室，透过玻璃窗，看到里面的人随着音乐自由舞动，那份对舞蹈的渴望如同被点燃的火焰，瞬间在她心中燃烧起来。

于是，她做了一个大胆的决定：她报了舞蹈班，开始了自己的追梦之旅。起初，她的身体僵硬，动作笨拙，每次上课都像是在与自己斗争。但她没有放弃，而是用汗水和泪水，一点点雕琢着自己的舞姿。那些被岁月尘封的激情与梦想，慢慢在舞蹈中复苏。

她的故事，是对所有心中有梦却不敢迈出那一步的人的启示。很多时候，我们害怕改变，害怕失败，害怕别人的眼光，以至于将梦想深埋心底，任凭岁月将其风干。但请记住，人生是一场盛大的旅行，不在于目的地，而在于沿途的风景，以及看风景的心情。

解决之道其实很简单，那就是勇敢地迈出第一步。不需要宏大的计划，也不必等到万事俱备。就像我的这位表姐那样，从一节舞蹈课开始，让梦想照进现实。我们需要学会倾听内心的声音，找到那个真正让自己心动的目标，然后，勇敢地去追求。在追求的过程中，你会遇到困难和挑战，但正是这些经历，让你的人生故事更加丰富，让你的内心更加坚韧。

在追逐梦想的路上，我们还需要学会自我接纳与自我激励。每个人的成长速度不同，不必与他人比较，只需与过去的自己相比，看到自己的进步与变化。当你感到疲惫或沮丧时，不妨停下来，给自己一个拥抱，告诉自己："你已经很棒了，继续加油。"

姐妹们，请勇敢地拨开生活平静的水面，潜入那片深邃的自我海洋，去探寻、去唤醒沉睡的激情与潜能。重养自己，意味着在日常的琐碎中找到缝隙，播撒自我成长的种子，无论是重拾旧梦，还是开启新篇，每一步尝试都是对自我的珍视与投资。

让我们携手共舞，在生命的每个阶段都勇敢地踏出那一步，去追求那些让你心动却未曾触及的梦想。因为，重养自己，就是让生命之树常青，让心灵之花不败，让每一次回望都是一场无悔的旅行。

6

从自己身边的
人或物中发现美

从自己身边的人或物中发现美，就像是在自家后院挖掘出闪闪发光的宝石。这些宝石可能是我们深爱的家人、珍贵的友谊，或是那些看似普通却充满意义的小物品。

当我们用一双发现美的眼睛，去欣赏那些我们身边的，甚至是司空见惯的人或物时，你会发现美就在你的身边，在你的心里。当你开始欣赏自己，欣赏你身边的一切时，生活就会变得更加丰富多彩。

所以，让我们像艺术家一样，用心灵去感受，用眼睛去发现，从平凡中寻找不凡。因为真正的美，不需要昂贵的价格标签，它就藏在你的生活里，等待你去发现。

在我的记忆里，舅舅的形象总是以一种淡淡的水墨色调存在着，不甚清晰，也不甚鲜明。他是家族聚会中那个安静坐着，偶尔微笑应和的角色，似乎总是与热闹保持着一定的距离。小时候，我对舅舅的印象仅限于此，甚至认为他有些无趣。然而有一天，舅舅成了我重新挖掘的宝藏。

那是一个寻常的午后，我无意间闯入了舅舅的房间，那里堆满了泛黄的书籍，舅舅坐在窗边，手中把玩着一枚旧时的邮票，他的眼神专注而深情，仿佛在凝视着一个遥远的梦境。我被这画面深深吸引，驻足观看。舅舅抬头，发现了我的存在，他微笑着邀请我坐下，开始讲述那些邮票背后的故事。

他讲述着每一张邮票背后的历史，每一个图案背后的文化，那是一种我从未触及过的美。我惊讶地发现，舅舅的知识如此渊博，他的生活如此丰富多彩。那一刻，我仿佛重新认识了他，这个我曾经认为平淡无趣的人，原来拥有着如此动人的世界。

从那以后，我开始改变看待周围人的视角。我发现，那个被我认为只会唠叨的母亲，实际上有着编织家庭温暖的巧手；那个被我认为成绩平平的弟弟，却有着令同龄人羡慕的绘画天赋。每个人都是独立的存在，都有其独特的魅力。

在我那堆满书籍的书桌上，静静地躺着一只旧的陶瓷杯，它是我多年前在一次旅行中偶然得到的。那时，它被放置在一家古朴小店的一角，周身散发着淡淡的釉光，简约而不失雅致，我便将它带回了家。岁月流转，它渐渐成了我生活中最不起眼的存在，每日只是机械地承担着盛载清水或咖啡的任务。直至某天，一抹夕阳透过窗棂，恰好洒在它身上，那一刻我仿佛第一次真正看见了它。

那层被忽略的釉光，在夕阳下熠熠生辉，仿佛每一寸都藏着未说完的故事。我轻轻捧起它，感受着那份温润与沉甸，心中涌起一股莫名的感动。原来，美并不总是轰轰烈烈、张扬夺目的，它也可能藏匿于平凡之中，静静等待着一次不经意的重逢，一次心灵的触碰。

我们常常追求那些遥不可及的美，却忽略了身边触手可及的美。一件旧物、一本泛黄的书，甚至是一杯清淡的茶，只要用心去感受，都能发现它们独特的美。这种美，是一种生活的态度，是对日常的深情凝视，是在平凡中发现不凡的能力。

那么，如何拥有这样一双发现美的眼睛呢？我想，首先是要放慢脚步，给自己留一些静谧的时光，去细细品味周遭的一切。不妨在忙碌之余，为自己泡一壶茶，选一本喜欢的书，让心灵得以小憩，你会发现，那些曾被忽视的细节，原来都藏着生活的诗意。

还要保持一颗好奇与感恩的心。对这个世界保持好奇，就像孩童般去探索，你会发现，即使是最普通的一天，也有其独特之处。而感恩则是让我们学会珍惜身边的一切，哪怕是那个陪伴你多年的旧陶瓷杯，也是岁月赠予的温柔。

另外，要学会用文字或镜头捕捉这些平凡中的美好，它们不仅能让自己的心灵得到滋养，也能启发他人去发现属于它们的美。美，是需要被看见、被感知、被传递的，它如同涟漪，一圈圈扩散，最终汇聚成一片温暖的海洋。

我们常常抱怨生活的乏味，却忽略了身边的美好。关键在于要用心去感受，用眼去发现。每一次与家人的交谈，每一次指尖划过旧物，都可能是一次美丽的邂逅。我们要学会在平凡中发现不平凡，在熟悉中寻找新鲜。

比如，那个陪伴你多年的旧书桌，它的每一道划痕都记录着你的成长；那件母亲亲手织的毛衣，每一针每一线都蕴含着温暖的爱意。当你用心去感受这些，你会发现，它们远胜任何奢侈品。

生活是一本永远翻不完的书，而我们就是在字里行间寻找美的人。让我们放慢脚步，用心去品味每一个细节，去发现那些被忽视的美，这样我们的生活才会充满诗意，我们的心灵才会更加丰盈。

7

与其渴望被爱，
不如努力自爱

亲爱的，你知道吗？在这个世界上，最靠谱的情人其实是我们自己。那些渴望被爱的日子，就像是在沙漠中追寻水源，可能会让你感到焦虑和不安。但是，当我们转变思维，从渴望被爱转向努力自爱时，一切都会变得不同。

自爱，就像是给自己的心灵种下一个花园，那里有阳光、雨露和花香。当你开始照顾自己、关心自己，你会发现你不再需要外界来证明你的价值。因为你知道，你本身就是一座宝藏。

所以，不要再渴望被别人爱了，而是要努力去爱自己。当你学会了自爱时，你会发现你的内心充满了力量和平静，而这一切都会让你变得更加迷人。

阿娟，一个名字普通的女人，身上却藏着不平凡的故事。她曾是一只渴望被温暖阳光照耀的小鹿，总在熙攘人海中寻觅那双能够牵引她，赋予她安心力量的手掌。恋爱的舞台上，她主动扮演了奉献者的角色，不遗余力地倾洒着爱意，以无边的宽容筑起他们的关系桥梁。在她的心田里，每一次真情付出，每一次无私的牺牲，都是无声的祈愿，希望以此换取对方同等分量的爱与关注。她坚信，通过不断给予和牺牲，自己能够在对方映满笑意的眼眸深处，捕捉到那属于自己的一抹幸福倒影。

然而，爱情的剧本并不总是如同童话般美好，它常常脱离预设的轨道，自顾自地演绎着现实的戏剧。

许多个黄昏，阿娟满怀期待地为恋人准备着爱心便当，每一个细节都倾注了她的心思，从他最爱的菜肴到便当盒上那朵她亲手折的纸花，每一处都藏着她细腻的爱意。她以为这样细致入微的关怀能换来他同样的温暖回应，但换来的往往是对方礼貌而疏离的一笑，或是忙于工作的匆匆一瞥，那笑容背后没有她渴望的共鸣和感激。

一个秋日，落叶铺满了他们散步的小径，她试图与恋人分享内心的细腻感受，谈论对未来的憧憬与梦想，却发现自己的话语常常被风吹散，得不到应有的回应。他的眼神总是越过她，投向远方，仿佛她的心声轻得连风都不愿意带走。

冬日的寒风中，她期待着一份温暖的拥抱，为恋人买的围巾还未送出，就已得知他即将出差的消息，连一句不舍的告别都没有。她站在飘雪中，手中紧握的围巾如同她冰冷的心，被一层层失望覆盖。

一次又一次，阿娟的心像被细雨不断打湿的花朵，逐渐失去了往日的光彩。在情感的田野上，她辛勤耕耘，收获的却是满满的空虚与心碎。终于，在一个静谧的夜晚，望着镜中那双充满疲惫的眼睛，阿娟恍然醒悟：真正的幸福不在于他人给予的温度，而在于自己是否有能力为自己的心灵燃起一把火，给予自己足够的关怀与尊重。她明白了自我之爱才是抵御世间严寒的大衣。

于是，阿娟离开了这个男人，开始了一场自我发现与自爱的旅程。她不再将幸福寄托于他人，而是从细微处开始，学会了如何与自己对话，如何呵护自己的心灵。她开始在清晨的第一缕阳光中醒来，给自己准备一顿精致的早餐，不再为了赶时间而匆匆吞咽。她学会了在下班后的傍晚，走进那家她心仪已久的花店，为自己挑选一束鲜花，让生活充满仪式感。周末，她会安排一场一个人的旅行，或是去美术馆，静静地欣赏每一幅画作，感受艺术与灵魂的对话。

在自爱的旅程中，阿娟逐渐发现，当她开始珍视自己时，世界也会温柔相待。她不再因为单身而感到孤单，因为她学会了与自己相处，享受那份宁静与自由。她开始吸引那些懂得欣赏她独立美好的人，这些人不再是她生活的全部，而是她多彩生活中的点缀。

阿娟的转变，就像是一朵花的盛开，不为取悦任何人，只为自己绽放。在她的故事中，我们看到了女性的力量，那是一种从内而外散发的光芒，是自我成长与自我实现的美丽旅程。让我们都像阿娟一样，学会自爱，活出自己的风采，让生命之花在自我滋养中绽放得更加灿烂。

在这个快节奏的社会中，我们常常在追求被爱的路上迷失自我。但请记得，真正的幸福，是源自内心的丰盈与自足。与其渴望被爱，不如努力自爱，因为只有学会爱自己，才能更好地爱别人，也才能吸引到真正爱你的人。

在生活中，我们或许习惯了为他人而活，在自我忽略中迷失了自我。那么，就重养自己一次，努力爱自己吧！自爱不是自私，而是必要的生存技能。就像花儿需要阳光和水分一样，我们的心灵也需要关爱和养分。当我们学会自爱时，我们的内心将充满力量和平静，无须依赖他人的肯定也能保持自信。所以，从今天起，请为自己的心灵种下爱的种子。

8

在爱人与被爱中治愈自己

在人生的画卷上,原生家庭的笔触或许留下了不经意的褶皱,宛如晨曦中未散的雾霭,让心灵的风景偶有阴霾。但请记住,我们每个人都是自己故事的执笔者,有能力在接下来的篇章中添上绚丽的色彩,把过往的遗憾转变为成长路上的独特印记。

想象自己是那位在时光河流中掌舵的船长,手中紧握着罗盘,引领自己驶向心之所向。我们主动筛选身边的朋友圈,如同精心布置一场盛大的宴会,只邀请那些能给自己带来欢笑与产生共鸣的灵魂,他们在我们的生命舞台上,扮演着不可或缺的角色,与我们共舞,让友情成为永不落幕的庆典。

至于伴侣的选择,则是一场灵魂的深度对话,我们寻找的,不仅是风雨同舟的伴侣,更是心灵相通的知己。在彼此的眼中看见理解与尊重,携手构建一个充满爱的小宇宙,它不单抵御外界的风雨,更是内心世界的避风港。在这小小的天地里,爱如同空气,无声却无处不在,悄悄缝合着往昔的裂痕,让温暖成为常态。

重建的家庭,是我们亲手栽种的情感森林,每一份爱意都是林中茁壮成长的树木,它们交织成网,为彼此提供庇护与力量。我们学会了爱的双重奏——无私奉献的同时，也欣然接受来自家人的关爱，这样的互动仿佛自然界的甘露，滋养着一切，让心田复苏，绿意盎然。

在童年的记忆里，我似乎是一朵很少被春雨温柔以待的野花，独自在角落里静默生长。父母的目光总是不由自主地偏向弟弟，他像是家中永远的阳光，而我则是那片偶尔被照亮的阴影。那时的我学会了安静，学会了在孤独中寻找自己的光亮。书本成了我最忠实的伙伴，字里行间藏着别人的故事，也映射出我渴望被看见的心声。

长大后，我犹如一只破茧而出的蝶，开始主动去触碰这个多彩的世界。我广交朋友，那些能够倾听我心底细语的灵魂，他们教会了我友谊的温暖，让我明白了被理解与被珍惜是多么美好的感觉。在他们的环绕下，我逐渐卸下了童年的防备，学会了信任与依赖，那些曾经缺失的爱，似乎在这些温馨的拥抱和深夜的谈心中，一点一滴被填补。

遇见他，是我人生中最美丽的意外。他的眼眸里，有着星辰大海的深邃，每一次对视都仿佛在告诉我："你，是值得被爱的。"他不仅看见了我表面的坚强，更触碰到了我内心的柔软。在他的陪伴下，我学会了如何爱人，也学会了如何更好地爱自己。我们一起旅行，走遍千山万水，每到一处都留下我们爱的足迹。在他宽厚的胸膛里，我找到了归属，那些关于被忽视的记忆逐渐模糊，取而代之的是满满的幸福感。

孩子，是上天赐予我们最珍贵的礼物。当我第一次将他拥入怀中，那份生命的重量，让我瞬间明白了母爱的伟大。看着他清澈无邪的眼睛，我暗暗发誓，要给他一个充满爱的成长环境，让他知道，他永远都是独一无二的。在照顾他的日子里，我体会到了前所未有的满足与幸福，每一次他无意识的微笑都是对我最大的奖赏。通过爱他，我治愈了自己，也重新定义了爱的意义——爱是无私的给予，也是相互的理解与成长。

在爱与被爱的循环中，我找到了自己的疗愈之道。学会放下过去，童年的经历虽不可更改，但我们可以选择如何解读它。我将那些被忽视的日子，视为成长的磨砺，是它们让我学会了独立与坚强。我还积极构建健康的人际关系，无论是友情还是爱情，我都以真心相待，相信美好会吸引美好。同时，我不断进行自我提升，保持一颗学习与探索的心。通过读书、旅行、艺术创作，我丰富了自己的精神世界，让自己变得更加有趣，也更有爱的能力。

如今，我站在岁月的长河中，回望来时路，那些曾经的创伤，已化作我身上独特的纹章，提醒我曾经的脆弱，也彰显着我现在的坚强。爱像一股温柔的力量，它不仅治愈了我，也让我懂得了如何更好地去爱这个世界。在这个过程中，我学会了最重要的一课——真正的治愈，始于自我接纳，终于无限的爱。而我，正沐浴在这份爱的光辉中，优雅地前行。

重养自己的过程，犹如凤凰涅槃般壮丽，每一次的尝试与挑战，都是对自己的一次庄严加冕，宣告着："我，拥有浴火重生的力量。"

爱成为实现自我重养的神奇魔法，在爱与被爱之中，我们找到了治愈自己的钥匙。在这份爱的光芒的照耀下，过往的阴影悄然消散，而前方的道路因这份力量的指引变得格外清晰与光明。

于是，我们以一种全新的姿态，满怀希望地拥抱每一个即将到来的明天。我们的心中充满了力量，眼中闪烁着光芒，让生活散发出前所未有的绚烂光彩。

第五章

每一次失去和离别，都是重养自己的契机

▼

失去和离别是成长的催化剂，每一次失去和离别都是重养自己的契机。当我们失去朋友、爱情、婚姻、工作或健康时，要学会保持坚强与自我疗愈，重新定义幸福与价值，让内心的花园在风雨后更加多姿多彩，让人生像凤凰一样在烈火中重生！

1

朋友如星辰，
每一次失去都是为了更好的遇见

在这个世界上，我们如同航行在浩瀚星河中的小小飞船，偶遇、碰撞、并肩飞行，都是宇宙给予我们的奇妙缘分。有时候，我们会和一些星球擦肩而过，它们曾给予我们温暖的光亮，照亮我们前行的航道，但随着我们向前航行，那些光亮终将与我们渐行渐远。

每个人都像是宇宙中独特的星体，各有各的光芒和轨迹。当我们与某些星体之间的引力减弱时，或许会感到失落与不舍，但宇宙如此辽阔，总有新的星体等待我们去探索，总有新的友谊等待我们去编织。这不仅仅是失去与获得的简单循环，更是一次次心灵的旅行，让我们在每一次与朋友的相遇与告别中，更加了解自己，也更加懂得珍惜与如何放手。

所以，不必畏惧朋友的离去，每一次的告别都是为了更好的遇见。在人生的旅途中，只要保持一颗开放的心，勇敢地去遇见那些尚未闪耀在你生命中的星星，你会发现，宇宙之大，总有属于你的璀璨星河。

在那家充满故事感的咖啡馆里，我与她曾无数次相对而坐，共享午后温暖的阳光,以及那些只属于我们的秘密。她是我的闺蜜,我的灵魂伴侣,我们曾在青春的田野里肆意奔跑,以为这份情谊会像那不朽的星辰,永恒璀璨。然而,人生总有些章节是关于失去的。

那是一个初秋的傍晚,枫叶开始染上淡淡的红晕,我们之间的气氛却比秋风更凉。一场误会,如同突如其来的暴风雨,撕裂了我们之间多年的默契与信任。锋利的言语,像是一把无形的刀,划过了心房最柔软的部分。从那天起,我们渐行渐远,曾经的无话不谈,变成了现在的默默无语。我失去了她,就像失去了生命中的一部分,那份痛楚如同潮水般反复拍打着我心灵的海岸。

在失去她的日子里,我的生活仿佛失去了色彩,变成了一张黑白照片。我开始怀疑,是不是自己太过依赖他人,是不是自己在人际交往中过于脆弱?夜里,我常常躺在月光下,任由回忆像潮水般涌来,又如退潮般带走我仅剩的温暖。但就是在这样的孤独与反省中,我逐渐明白,每个人的生命里都会有人来人往,有人教会你爱,有人让你成长,而失去也是成长的一部分。

我开始尝试着从这段经历中汲取力量,用一种新的视角看待友情的得与失。我告诉自己:"朋友如星辰,每一次失去都是为了更好的遇见。"这句话,如同冬日里一丝微弱的阳光,让我的心底升起一股暖意,也生出一股决意改变的动力。

我决定从自我修复做起,像园丁对待受伤的植物,温柔而坚定。我更加专注于阅读和写作,让阅读成为心灵的甘霖,滋养干涸的情感土壤;让写作成为倾倒思绪的清泉,冲刷掉心中的沙砾与尘埃。在书页翻动间,我与古今哲人对话,他们的智慧如灯塔一般照亮我前行的道路;在键盘敲击间,每一个字都是自我重建的砖石,最终砌成一座坚固的内心城堡。如此,我渐渐在字里行间找回了平静与力量,学会了如何与自己和解,也更加明白在成长的旅途中,自我修复是一场必经的修行。

然后,我打开了社交的大门。我参加了一些兴趣小组和社交活动。起初,我每一步都小心翼翼,生怕再次受伤。但在这些活动中,我遇到了许多有趣而真诚的灵魂。他们中有的成了我新的朋友,有的虽然只是擦肩而过,却也给我留下了温暖的回忆。我学会了与朋友保持适度的距离,既不封闭自己,也不过分依赖,学会了在给予与接受间找到平衡。

更重要的是,我学会了如何更好地爱自己。我开始注重自我成长,无论是身体上还是心灵上，都力求成为一个更好的自己。我学会了独处，享受一个人的时光，也学会了在人群中找到自己的位置。我明白了真正的安全感不来自他人的给予，而源于自己内心的充实与强大。

如今，当我回望那段失去朋友的日子时，虽然心有戚戚，但也满是感激。失去让我学会了独立，学会了自我疗愈，也让我懂得了如何成熟与从容地处理人际关系。我意识到，朋友是生命旅程中的美好风景，但真正的风景其实是自己内心的成长与强大。

所以，如果你也在经历类似的失去，不要怕，朋友没了可以再交。因为每一次失去都是为了更好的遇见。在这个过程中，你会发现，最值得你珍惜和深爱的人，其实是你自己。而当你学会爱自己时，世界也会以更加温柔的方式，回馈你更多的爱与美好。

我们就像那宇宙中的星辰，即使暂时黯淡，也有重放光芒的一天。失去朋友，就像是生命中的一次小小星爆，虽然痛，却也释放了新的能量。

重养自己，就是学会在这浩瀚星海中无数的遇见与失去里升级自己，重新定位自己的光芒。当我们勇敢地打开社交的天窗时，不仅会遇到新的朋友，更重要的是我们会遇见那个更加璀璨、更加自爱的自己。

记住，每一次的失去，都是宇宙给我们的暗示——是时候升级自己了。所以，别怕，朋友没了可以再交，而你永远值得被爱，尤其是被你自己深爱。

2

爱情路上坚韧前行，先爱自己再遇对的人

爱情，如同四季交替中的花开花落，有时绚烂得让人沉醉，有时却凋零得让人落寞。但亲爱的，如果只是看到花朵谢了，我们怎可就此认定园中再无芳菲？

想象一下，我们每个人都是自己生命旅程的航海家，爱情不过是旅途中偶遇的美丽海岛。或许，上一个岛屿曾让我们流连忘返，但既已作别，船帆再次扬起时，又有谁能断言下一片陆地的风光不会更加旖旎？

每一次的爱与被爱，都是灵魂间的深度对话，教会我们更多关于自我、关于成长的课题。即使经历风雨，那也是天空赠予的彩虹前奏。所以，勇敢地与错的人挥别，才能与对的人相逢。

在爱情的版图上，不要因为怕迷路就停步不前。让我们带着一颗勇敢而温柔的心继续航行，相信在下一个转角，就有那么一个人，笑容温暖，眼中有星光，正等待着与我们共同书写新的篇章。记住，爱情从不是生活的全部，但它总会在合适的时机，以最美好的姿态降临。

在这个喧嚣而又繁忙的世界里，我们每个人都是匆匆的过客，带着各自的故

事，在人生的长河中沉浮。而我，作为一个喜欢用文字轻触灵魂深处的女子，总爱在那些静谧的夜晚，泡上一杯醇香的咖啡，让思绪随着袅袅升起的热气飘远，去探寻那些关于爱与失去的故事。

明景，一个名字里藏着明媚春光的女子，她总是带着一抹淡然的微笑，仿佛无论生活给予她何种风雨，她都能以最优雅的姿态去面对。我们相识于一个冬日的午后，那家咖啡馆的窗边，阳光正好，她正低头翻阅着一本散文集，那份专注与宁静瞬间吸引了我。后来，我们成了无话不谈的朋友，分享着彼此的秘密与梦想。

明景曾拥有一段令人艳羡的爱情，她与男友相识于大学，那时的他们像是从青春剧里走出来的男女主角，彼此爱得甜蜜又热烈。他们一起走过了许多地方，留下了无数美好的回忆。然而，好景不长，随着时间的推移，生活的琐碎逐渐侵蚀了最初的那份激情，最终，他们的爱情以一种近乎平静的方式走到了尽头。分手的那天，明景没有哭，只是静静地坐在那里，眼神空洞地望着远方，仿佛在说："原来，不是所有的故事都会有完美的结局。"

那段时间，我时常陪在明景身边，看着她从最初的失落，到后来的慢慢接受，再到最后的释然。她告诉我，每一个夜晚，她都会问自己："我真的失去了一切吗？"然后在无数个自我对话中，她找到了答案——爱情，不过是生命旅程中的一站，它来了，我们珍惜；它走了，我们放手。重要的是，在这段旅程中，我们学会了如何爱自己，如何成长。

于是，明景开始重新规划自己的生活。她报名参加了烹饪班，学会了制作各式各样的美味；她开始旅行，独自一人走过了许多以前未曾踏足的地方。每一次归来，她都会带着满满的故事和更加明媚的笑容。她说："我发现，当我开始爱自己时，世界也变得温柔了许多。"

看着明景的转变，我感慨万千。是啊，失去爱情并不可怕，可怕的是我们因此失去了对生活的热爱和对自我的追求。爱情，应当是生命中的锦上添花，而非雪中送炭。当我们足够好时，自然会遇见那个对的人，与我们并肩走在人生的旅途中。

那么，对于那些正在失去或是害怕失去爱情的人，我想说的是：请勇敢地走出那一步，不要害怕，爱情没了可以再寻。在这个过程中，最重要的是学会自我疗愈，找回内心的平静与力量。可以尝试新的爱好，如去旅行、去阅读、去遇见不同的人、去体验不同的生活。当你让自己的世界变得丰富多彩时，你会发现，爱情不过是这广阔天地间的一抹温柔色彩，它来了，你会欢迎，它若未至，你的世界也已足够精彩。

　　爱情如同一场绚烂的烟花，它或许会在夜空中留下短暂的空白，但那不是结束，而是新篇章的开始。而重养自己，就是在这片空白上，染上新篇章的色彩。

　　愿每一个在爱情路上行走的人，都能拥有一颗坚韧而温柔的心，不畏将来，不念过往。记住，爱情没了不是终点，而是另一段旅程的开始。在这个旅程中，最重要的是学会爱自己，因为只有当你自己足够好时，才能遇见那个与你灵魂相契的人，和他一起书写属于你们的美丽篇章。

3

婚姻结束亦是起点，
重养自己迎接幸福

婚姻，这个被世人赋予无限憧憬的小舟，有时难免会在生活的激流中颠簸摇晃，甚至轰然解体。当"婚姻结束亦是起点，重养自己迎接幸福"这句话轻轻落下时，它并非鼓励结束婚姻，而是一种温柔的赋能——你的世界不仅仅由婚姻定义，你的幸福也不该仅仅拴在某段关系上。

生活是个多彩的调色盘，婚姻不过是其中的一种颜色。如果这抹色彩不再鲜活，勇敢拿起画笔，添上新的绚丽，未尝不是一种重生。简单的话语背后是一种独立自主的精神，一种对未知持有好奇与期待的生活态度，以及对自我价值的深刻认同。

换季的衣橱中，旧衣虽好，不合身便需舍弃，这样才有空间让新衣翩然而至，带来不一样的风采。婚姻亦如此，结束不代表终结，而是开启了另一段更适合自己的旅程。所以，请勇敢地拥抱变化，因为你永远有权利，也有能力去绘就自己最灿烂的人生画卷。

张姐的故事，像是一幅细腻的画卷，缓缓展开。她的丈夫是那种在商界游刃有余、能力出众的男人，而她是一个公认的美人，他们的结合在外人看来无疑是天作之合。婚后，张姐便选择了退出职场，安心做起了他背后的女人。日子在柴米油盐中缓缓流淌，直到小生命的降临，更为这个家添上了温馨的一笔。

然而，生活往往不按常理出牌。随着时间的推移，张姐发现，那个曾经对她誓言旦旦的男人，开始变得陌生。他回家的时间越来越晚，有时甚至夜不归宿，空气中弥漫着一种疏离的气息。直到有一天，真相如锋利的刀，毫不留情地割裂了这段看似完美的婚姻——张姐发现，他的心已经另有所属。

那一刻，张姐的世界仿佛崩塌了。离婚的过程充满了泪水与挣扎，尽管伤痕累累，但她最终还是勇敢地走了出来。离婚后的日子，对张姐而言，是一段漫长的黑夜，她消沉、迷茫，仿佛失去了方向。但张姐还是在绝望中找到了一丝光亮。

她开始重新审视自己，决定进行从身体到心灵的自我重塑。每天清晨，当第一缕阳光洒下时，张姐已换上跑鞋，在公园的小道上挥洒汗水，这是一种自我挑战的开始。同时，她也重拾久违的书本，那些曾经因生活琐事而搁置的专业知识，如今成了她心灵的慰藉。张姐像一块海绵，贪婪地吸收着知识的甘露，她的眼中再次闪烁起对生活的渴望与热情。

时间是最好的见证者，它不仅抚平了张姐的伤痕，还为她开启了一扇新的大门。不久后，通过不懈的努力，张姐找到了一份心仪的工作，她在职场上大放异彩，那份由内而外散发的自信与光芒，让所有人都为之动容。而爱情也在不经意间悄然降临，这一次是一个真正珍惜她的男子，他们相互扶持，共同书写着属于两人的幸福篇章。

当张姐与前夫在一次偶然的机会中重逢时，她的变化让前夫惊得目瞪口呆。眼前的张姐，不再是那个只会在家庭里打转、身材走样、言行庸俗的女子，而是一个眼里有光、神采飞扬的人。那一刻，前夫或许意识到自己失去了什么，但张姐心中早已没有了遗憾与怨恨，只有对生活的感激与对未来的无限憧憬。

其实，婚姻并不是生活的全部，它可以是锦上添花，但绝不应成为束缚自我的枷锁。当婚姻的城堡崩塌时，我们或许会痛、会哭，但更重要的是要有重新站起来的勇气。正如张姐那样，通过不断自我提升，她不仅赢得了事业的成功，更收获了真正的爱情与尊重。

所以，如果你正处于类似的困境，请不要害怕。婚姻没了，可以再来，但更重要的是，要先学会与自己和解，找回那个丢失的自我。坚持锻炼，不仅是为了外在的美丽，更是为了内在的坚韧；努力学习，不仅是为了生活的需要，更是为了心灵的丰盈。当你足够强大、足够美好时，会遇见更值得与你并肩同行的人。

生活总会在最不经意的时候给你一个大大的惊喜。不要怕，每一次结束都是新开始的序章。愿我们都能像张姐一样，拥有敢于放手的勇气，也拥有重拾自我的从容。因为，最终塑造我们命运的，不是那些突如其来的变故，而是我们自己的选择与坚持。

让我们以重养自己为灯塔，照亮前行的道路。婚姻的结束不是生活的终点，而是自我重塑的起点。我们是自己命运的画师，每一次挥笔，绘就的都是对自我价值的深刻认同和对生活的热爱。

我们要学会在生活的调色盘上，勇敢地添上新的色彩。让我们在重塑自我的锻炼中强健体魄，在学习中丰富灵魂，用知识和智慧构筑起抵御风浪的堡垒。

请相信，真正的幸福源于内心的独立和自信。当我们足够强大、足够美好时，自然能够吸引那个懂得珍惜我们的人。所以，不要害怕结束，要拥抱变化，勇敢地绘就属于自己的人生画卷。因为每一次的结束都是新开始的序章，每一次的自我提升都是通往幸福的必经之路。

4

工作只是舞台，
自我成长才是永恒

你的职业生涯就像一场精彩绝伦的冒险，每一次变化都是一次全新的探索。失去一份工作，并不意味着世界末日的到来，反而会让你看到更广阔的天地。你的价值可能远超他人给予的标签，你的才华和潜能也绝不会因为一时的挫败而有所减损。

就如同春去秋来，落叶归根后又会迎来新生的绿意。失去工作虽然让人沮丧，但这也是重新审视自我，寻找更加合适的工作的好时机。所以，当你站在人生的十字路口时，不妨对自己说一句："工作只是舞台，自我成长才是永恒。"让这份自信成为你前行的动力，引领你走向更加灿烂的职业生涯。

她，我们口中的"秀姐"，一个过了35岁，风韵犹存的女子，岁月在她脸上留下的不是皱纹，而是从容与淡然。秀姐曾是一家私企的中层管理者，每天西装革履，穿梭于高楼大厦之间，生活规律得像是一张精心编排的日程表。然而，一场突如其来的公司裁员风暴，将她卷入了旋涡。那天，她拿着那封冰冷的解雇信，走出公司大门，背影显得有些落寞。

起初，秀姐像大多数失业者一样，满怀希望地投入到找工作的洪流中。可是，现实让她吃了一连串的闭门羹，给了她不小的打击。

然而，秀姐并没有沉沦。在一个偶然的情况下，她发现了自媒体这片新天地。起初，她只是抱着试试看的心态，在网上发视频分享了一些生活中的小妙招，比如如何快速去除衣物上的污渍，或是怎样用简单的食材做出美味的家常菜。没想到，这些看似微不足道的日常智慧，却意外地受到了网友们的热烈欢迎。她的视频没有华丽的特效，也没有刻意的煽情，有的只是一份真诚与实用，那份从生活中提炼出的智慧，如同冬日里的一缕阳光，温暖而明亮。

随着时间的推移，秀姐的自媒体账号逐渐积累了大量粉丝，她的每一条更新都能引来众多网友的点赞和转发。更令人意想不到的是，这份看似不起眼的"副业"，竟然为她带来了比上班时还要丰厚的收入。广告合作、直播带货……秀姐的生活，因为这一次勇敢的尝试，开启了新的篇章。

生活中的每一次低谷，都可能暗藏转机。我们常常会害怕失去，害怕改变，但只要勇于探索，敢于突破自我，每一个"再就业"的瞬间，都可以成为我们生命中最闪耀的时刻。

在这个快速变化的时代，稳定似乎成了奢侈品。但请记住，真正的稳定不是来自外界的不变，而是源自内心的强大与适应力。当我们不再畏惧失去，敢于拥抱变化时，就会发现，每一次重新开始，都是通往更广阔世界的一次尝试。

所以，如果此刻你正面临职业生涯的转折或是工作的挑战，请不要害怕。工作没了，可以再找，甚至可以创造出属于自己的舞台。正如秀姐那样，用一颗热爱生活的心，去发现自我的无限可能，将每一次的挑战都转化为成长的机遇。

在这个过程中，要保持对学习的热情，不断提升自我，让自己的技能树不断生长，这样无论风向如何变化，你都能稳稳地站在时代飓风的冲击中。同时，你也要学会享受过程，珍惜每一次尝试带来的乐趣与收获，因为生活最美好的风景往往出现在曲折蜿蜒的小径上。

最后，愿你我都能像秀姐一样，拥有一颗不老的心，勇敢地在这个多彩的世界里，书写属于自己的精彩故事。记住，每一个结束都是新开始的序章，只要我们心怀希望，脚下就有路。

在这个充满变数的时代,工作不仅是谋生的手段,更是展现自我价值的舞台。每一次职业的转折,都是一次自我发现与成长的机会。在职场的风浪中,我们不仅要学会适应变化,更要懂得如何在变化中寻找机遇,让每一次挑战都成为自我升华的契机。这种转变不仅仅是职业身份的变化,更是对自身潜力的发掘与释放。

重养自己,意味着在每一次职业转折中,都给予自己足够的关爱与支持。这意味着不断地学习新技能,保持好奇心,同时也意味着在忙碌的工作之余,不忘关注自己的身心健康。即使面临职业的不确定性,只要心中有爱、眼里有光,你就能在每一次"再就业"时,散发出更加耀眼的光芒。

别怕,工作只是生活大戏中的一个角色,你才是永远的主角!在重养自己的过程中,你会发现自己有着无限的可能,每一次挑战都将是你通往更美好未来的垫脚石。

5

钱是身外之物，
内心强大才是真富有

在这个物质丰富的时代，我们常常被各种商品和服务所吸引，仿佛拥有了它们就能拥有全世界。然而，当夜深人静时，我们是否曾问过自己：这些真的能带给我们持久的幸福吗？

金钱可以买到华丽的服饰、美味的食物，乃至一场说走就走的旅行，但它买不到那份来自内心的安定与自信。设想一下，当你穿上昂贵的礼服站在镜子前时，如果没有那份由内而外散发的自信与从容，那套着华丽的衣裳的你也只是空有其表罢了。相反，即使只穿一件普通的棉布衫，如果你内心强大、自信满满，那它也将成为你最美的装饰。

内心的强大，就像是内心深处的一座城堡，无论外界如何变化，它始终屹立不倒。这份强大来自对自我的深刻认知与接纳，来自对生活的热爱与对梦想的坚持。它让我们在面对生活的起起伏伏时，能够保持平和的心态，从容应对。

因此，我们应该学会培养强大的内心。这不仅仅意味着要独立思考、自信地面对挑战，更意味着要学会在忙碌的生活中给自己留出时间，去感受生活的美好，去倾听内心的声音。当我们拥有了强大的内心时，无论外界环境如何变化，我们的内心都能保持宁静与满足。

我认识一个姐妹，小梦，她是个对爱情充满无限憧憬的女子，心中总藏着一片温柔的海洋，渴望着那个能与她共舞于月光下的人。然而，命运却和她开了一个残酷的玩笑，她在网络上邂逅了一场看似浪漫至极，实则暗藏危机的"爱情"。

那是一个精心布置的"杀猪盘"，对方以爱情为饵，一步步引诱她，骗走了她所有的积蓄。当真相大白时，小梦的世界仿佛在一夜之间崩塌，她坐在空荡荡的房间里，泪水无声地滑落，那不仅仅是金钱的失去，更是对人性美好一面的深深失望。

"钱乃身外之物，没了再去赚。"我这么安慰她，我知道这句话在那一刻听起来或许有些苍白无力，然而，这是最真实的慰藉。钱不过是身外之物，它可以买来许多东西，却买不到一颗真心和一段真挚的情感。

小梦的遭遇虽痛，却也让她得以成长，学会了如何在风雨之后更加坚韧地站立。其实，每一次跌倒都是重新站起的前提，每一次失去都是自我成长的契机。

小梦制定了小目标，从兼职做起，再到创业尝试，每一个小小的进步都让她欣慰不已。更重要的是，她学会了如何在忙碌与奋斗中，依然保持对生活的热爱和对美好情感的向往。

生活，本就是一场华丽的冒险，有得有失才是常态。小梦的故事虽然以泪水开篇，却以坚强和希望收尾。我们需要明白，真正的富有不在于金钱的获取，而在于内心的丰盈，在于即便面对风雨也能笑对人生的勇气。

所以，如果你也遭遇了生活的重创，请记得，钱没了，可以再赚；心伤了，可以慢慢治愈。重要的是，别让一次失败定义你的全部，你的人生故事还很长，还等待着你去书写每一个精彩的章节。

阿霜，是一个名字中自带清冷气质的女子。生活中的她，总是身着一袭素雅的装束，穿梭于喧嚣的都市，像一朵静静绽放的白莲。她的世界，曾经是那么井然有序，工作上的出色表现让她积累了一笔可观的财富，那是她对未来美好生活的期许与保障。

然而，命运总爱在不经意间和我们开个玩笑。一场突如其来的疾病，如同一场风暴，打乱了阿霜平静的生活。医院的长廊里充斥着消毒水的味道，那冷冰冰的诊断报告如同冬日的寒风，刺骨又无情。高昂的治疗费用，迅速吞噬了她多年辛苦攒下的积蓄。

在那段时间里，她从一位职场精英变成了医院走廊里最坚强的战士，她用自己的经历诠释了"勇敢"二字的重量。

疾病让阿霜失去了金钱，却也让她对生命有了全新的理解。康复期间，她开始反思，过去的生活是否太过单一，金钱之外，还有多少美好被自己忽略了？于是，康复后的阿霜，不再是那个只知埋头工作的机器，她慢了下来，去品味生活中的小确幸，比如午后的一杯咖啡，或是窗台上那一抹不经意的绿意。

阿霜的故事让我们明白，金钱是生活的工具，而非目的。面对金钱的失去，我们不必恐慌，因为真正宝贵的是那些金钱无法衡量的东西——健康、爱、成长和经历。解决之道，便是重新定义生活的优先级，学会理财，建立紧急基金，同时也投资于自我成长和健康。阿霜开始兼职写作，将病床上的感悟化作文字，不仅丰富了精神世界，也开辟了经济来源的新路径。

阿霜用她的故事告诉我们，只要心中有光，就能驱散眼前的黑暗，即使跌至谷底，也有向上反弹的力量。在人生的旅途中，让我们带着这份豁达与坚强，继续前行，因为最美的风景往往出现在最曲折的路上。

在这个充满变数的世界里，我们要学会重养自己，不仅要滋养身体，更要滋养心灵。钱没了，我们可以再赚，但内心的强大和对自我价值的认同却是无价的宝藏。无论生活给予我们怎样的考验，我们都要勇敢地站起来，用智慧和勇气去书写自己的故事。

别忘了，每一次跌倒都是自我成长的契机，每一次微笑都是对生活的最好回馈。让我们用心养护自己，成为那朵在风雨中依然傲然绽放的铿锵玫瑰！

6

创业失败是浴火，
凤凰涅槃乃重生

如果你是一位充满激情的创业者，那么想必曾几何时，你怀揣梦想，披荆斩棘，创立了自己的公司。然而商场如战场，没有永远的赢家，也许某一天，你将不得不面对公司破产的现实。

创业路上充满了不确定性和挑战，当一切归零时，内心的恐慌和失落是难以避免的。但请记住，失败并不是终点，而是通向成功之路的一个重要转折点。

在这个快速变化的世界里，机会总是有的。曾经辉煌的公司虽然不复存在，但我们依然拥有宝贵的资源——经验和教训。这些无形的资产将成为下一次创业的最宝贵的资本。就像那些在暴风雨后依旧傲然挺立的树木，它们的根系因经历了考验而更加稳固，未来定能茁壮成长。

作为创业者，我们要学会从失败中汲取力量。每一次跌倒都是一次成长的机会。正如那浴火的凤凰，被烈火焚烧之后，也将变得更加坚韧与纯粹，让自己重生。

在这个纷扰的世界里，每个人都在寻找自己的位置。我有一位高中同学，她在大学毕业后的几年里，一直为一家知名的设计公司工作。她在积累经验的同时，也不断打磨着自己的设计理念和技术。

有一天，她鼓足勇气，决定离开舒适区，创办自己的平面设计公司。那时的她，仿佛拥有了整个世界，招兵买马，准备大干一场。办公室里挂满了她设计的草图，每一张都充满了灵感和创意。她相信，只要努力，就没有什么是不可能的。

然而，创业的道路并非一帆风顺，初期的资金问题、客户的信任危机、团队的管理难题接踵而至。尽管她全力以赴，但最终还是没能在市场的残酷竞争中杀出一条血路，最终不得不宣告公司破产。那一刻，她仿佛失去了所有，曾经的梦想似乎变得遥不可及。

无奈之下，她只能重新回到职场，开始了另一段旅程。这一次，她不再急于求成，而是脚踏实地地学习和成长。几年的时间转瞬即逝，她在工作中积累了丰富的经验，同时也更加深刻地理解了市场的需求。她开始思考，如何将艺术与商业完美结合，创造出既有美感又能打动人的作品。

终于，在一个阳光明媚的午后，她做出了一个重要的决定——再次创业。这一次，她更加成熟稳重，每一个决策都经过深思熟虑。她知道，只有真正了解市场和客户需求，才能让自己设计的作品获得认可。于是，她带着全新的理念和更加成熟的心态，再次踏入了创业的大门。

新成立的公司很快就在业内崭露头角，她设计的作品不仅赢得了客户的赞赏，还在多个设计大赛中获得了奖项。她终于实现了自己的梦想。

在我看来，她的故事不仅仅是关于创业的传奇，更是关于勇气和坚持的赞歌。它告诉我们，人生不可能一帆风顺，但只要我们保持对梦想的追求，即使遭遇挫折，也能再次站起。就像那些经历了冬天的树木，虽然暂时树叶凋零，但在春天来临之际，依然能够焕发出勃勃生机。

真正的勇气不是不会感到恐惧，而是即使感到恐惧，也依然能够坚持下去。在这个充满不确定性的时代，我们都需要这样的勇气和信念。或许我们无法预测未来，但我们可以选择如何面对挑战。当我们勇敢地迈出那一步时，就会发现，原来自己拥有无限的可能性。

我这位高中同学的经历让我明白，每一次失败都是成长的机会。在这个过程中，我们会变得更加坚强、更加自信。

在我们创业的过程中，每一次失败都像是一次凤凰涅槃。失败让我们重新审视自己，找到那些需要被滋养的部分。这不仅仅关乎公司的重建，更与自我重塑息息相关。就像凤凰浴火重生，我们在每一次失败之后，都可以通过重养自己来实现内心的蜕变。

所以，遭遇挫折时，不妨给自己一个温柔的拥抱，告诉自己："创业失败是浴火，凤凰涅槃乃重生。"在每一个凤凰涅槃的瞬间，我们都能看到一个更加坚韧、更加闪耀的自己。因为，真正的美丽往往诞生于挣扎与重生之中。

7

残疾的不过是肢体，
依然完整的是精神

我们常常面临着各种各样的挑战，无论是来自外界的压力还是内心的挣扎。对于那些身有残疾的姐妹，我想请她们记住——"残疾的不过是肢体，依然完整的是精神"。就像那些在逆境中绽放的花朵，即使生长在岩石缝隙中，也依然能展现出生命的顽强与美丽。

这句话提醒我们，身体上的限制并不能阻止我们追寻梦想的脚步。我们的精神、意志和创造力才是最宝贵的财富。所以，无论遇到什么困难，请不要害怕，因为真正的力量来自内心深处。只要精神还在，我们就能够克服一切障碍，活出精彩的人生。

每个人都是自己故事的书写者，而我有幸遇见了这样一位用生命诠释"残疾的不过是肢体，依然完整的是精神"的女孩，她有着温柔的心与坚韧的灵魂。

她的故事，是从一场突如其来的事故开始的。那是一个寻常的早晨，阳光正好，微风不燥，她，一名中学生，骑着自行车畅行在前往学校的路上，心中满是对知识的渴望。然而，一场车祸，像是一场没有预警的风暴，瞬间卷走了她的双手，也似乎带走了她生命中的色彩。

在医院的日子里,她的时间仿佛凝固了。她的眼中常含泪水,不是因为疼痛,而是因为绝望。她曾无数次地问自己、问他人:"没有了手,我还能做什么?我的人生是不是就这样完蛋了?"

然而,消沉一段时间后,她读到了张海迪、海伦·凯勒的故事,备受鼓舞。在一个寂静的夜晚,她凝视着窗外那轮皎洁的圆月,心中涌起了一股前所未有的力量。她开始尝试用脚去做那些曾经理所当然地认为用手才能完成的事情——从最基本的穿衣吃饭,到翻阅书页,再到用脚写字,用脚尖轻触键盘,一字一句地敲打出对生活的热爱与不屈。

这个过程无疑是艰难的,每一次尝试都伴随着失败与汗水,但她从未言败。她的脚趾磨破了皮,结了痂,再磨破,如此反复,直至它们逐渐适应了这份"新工作"。她的房间里堆满了练习用脚书写的笔记本,那些歪歪扭扭的字迹,见证了她的坚持与成长。

随着时间的推移,她的情感也悄然发生了变化。从最初的绝望和迷茫,到逐渐接受现实,再到后来的坚定和自信,她的内心世界经历了一场深刻的变革。她开始学会欣赏生活中的每一个小确幸,哪怕是一缕温暖的阳光或是一朵盛开的花朵,都能让她心生欢喜。

她的坚韧和乐观也感染了周围的人。同学们被她的精神打动,纷纷向她伸出援手,帮助她克服生活中的困难。老师们也对她刮目相看,给予她更多的鼓励和支持。她逐渐成为校园里一道亮丽的风景线,她的故事激励着每一个人去追求自己的梦想,不畏艰难。

岁月流转,她不仅学会了用脚打理自己的生活,更在学业上展现出了惊人的毅力。她用脚操作电脑,完成了中学课程,最终以优异的成绩考入了一所大学。

她的故事,是一首关于勇气与希望的赞歌。它告诉我们,真正的残疾不在于身体的残缺,而在于心灵的放弃。当我们的精神世界足够强大时,任何外在的障碍都无法阻挡我们追求梦想的脚步。

那么,面对生活的风雨,我们该如何保持这份不屈不挠的精神呢?首先,我们要接受现实,但不被现实所限。正如她所展现的,失去并不意味着终结,而是另一种形式的开始。其次,我们要寻找内心的热爱,这份热爱将成为我们前行的动力源泉,让我们在逆境中也能散发光芒。再次,我们要培养坚韧不拔的意志,每一次跌倒后的重新站起,都是对自我极限的突破。最后,我们不要害怕寻求帮助,家人、朋友乃至社会的支持,都是我们宝贵的财富。

在这个快节奏的时代,这样的故事像一股清流,提醒我们慢下来,倾听内心的声音,感受生命的深度。这个女孩让我们明白,即使身体受限,心灵的翅膀依然可以翱翔于无垠的天空。正如她常说的:"我不是没有双手的天使,而是用双脚在人间书写奇迹的凡人。"

每一个人都是才华横溢的工匠,用坚韧与热爱雕琢着与众不同的自己。重养自己,不在于是否有一个强健的身体,更在于心灵的觉醒与升华。面对生活的风雨,我们不仅要学会疗愈,更要学会成长,在挑战中重生。我们的内心藏着无限的力量,等待着被发掘。

我们或许无法选择生活的剧本,但可以决定如何演绎自己的角色。所以,无论你正面临何种风雨,都请记得:你的身体或许残缺,但你的精神永远完整且强大。在重养自己的旅途中,请勇敢地散发光芒,直到那片属于你的天空星光璀璨。

第六章

重生之花，在日积月累的浇灌中绽放

▼

  重养自己，非一日之功，贵在持之以恒。在忙碌中寻觅身心平衡，通过坚持锻炼与均衡饮食，让身体与灵魂共鸣。同时，复盘生活、微笑面对、沉浸阅读、实践断舍离、心怀感恩，每一次行动都是自我滋养的宝贵过程。重生之花，唯有不懈地浇灌，才能美丽绽放。

1

在忙碌中寻觅
身体与灵魂的和鸣

我们的身体就像是一艘驶向生命中各个奇妙岛屿的船,只有船体坚固,才能乘风破浪,探索更多未知的美景。坚持锻炼身体,就像定期维护这艘船,让航行更加平稳;均衡饮食,则像是为这趟旅程配备丰富的补给,让身心得以滋养。

当我们懂得在繁忙中抽出时间,给身体一个温柔的拥抱时,无论是瑜伽垫上的伸展,还是晨跑时与第一缕阳光的邂逅,都是在为生活这幅画卷添上鲜活的色彩。

而这一切的努力,最终让我们能够更加敏锐地感受到生命的美好。就像品尝一块优质的黑巧克力,不急不躁,让那份醇厚在舌尖慢慢融化。生活的每一分甜、每一丝苦,也因此变得层次分明、回味无穷。

努力养好身体,不仅是为了拥有更健康的体魄,更是为了以最佳的状态去拥抱那些稍纵即逝的瞬间,无论是孩子的欢笑,还是夜晚满天的星辰,都能成为我们心中最珍贵的记忆。

我认识一位大姐,一位女强人,她用智慧与汗水在商海中披荆斩棘,筑起了一座属于自己的城池。至于她的名字,我愿意称她为云霓,正如她的存在,既遥远又绚烂，让人仰望。

云霓年轻时，眼里只有远方的山和未征服的海。她相信只要足够努力便能摘取星辰，因此，夜以继日地奋斗成了她的日常。办公室的灯光是她最长情的伴侣，咖啡因则是对她不离不弃的朋友。然而，在那片由数据和报表构建的天空下，她渐渐忽略了自己的身体发出的微弱求救信号。直到一个风雨交加的夜晚，她完成一个大项目的收尾工作时，却也戏剧性地倒在了办公桌旁，那一刻时间仿佛凝固了，梦想与现实的界限变得模糊不清。

ICU 的灯光异常刺眼，监护仪的嘀嘀声成了她醒来后听到的第一曲交响乐。她被从死亡的边缘拉回，那一刻，她意识到所有的辉煌与成就在健康面前都不值一提。在康复的日子里，她意识到，生命的意义不仅仅在于攀登事业的高峰，更在于能否欣赏沿途的风景，感受每一次呼吸间的微妙与奇迹。

于是，云霓的生活轨迹悄然发生了转变。她不再是那个只知奔跑的女子，而是学会了在奔跑与停留间找到平衡。每天清晨，当第一缕阳光洒下时，她已换上了轻便的运动装，穿梭在公园的绿意盎然中。慢跑、瑜伽或是简单的拉伸，她用汗水洗净心灵的尘埃，让身体与自然对话，感受大地的脉动与四季的更迭。她的朋友圈不再只是无休止的工作汇报，还多了晨曦中的露珠，夕阳下的剪影，以及偶尔的自我调侃："原来，除了报表，这个世界还有这么多值得记录的美好事物。"

在饮食上，云霓也开始了一场革命。以前，快餐、外卖是她的首选，如今，她的厨房变成了实验场，每一次下厨都像是一次精心策划的艺术创作。她崇尚自然，偏爱素食，用新鲜的果蔬、全谷物和坚果，编织出一道道色香味俱佳的菜肴，既满足了味蕾，也为身体注入了满满的能量。她常笑言："吃得好，是对自己的最高敬意。"这样的改变，让她从内到外焕发出一种难以言喻的光彩，那是健康赋予她的最珍贵的妆容。

夜幕降临，当城市再次被霓虹灯点亮时，再也看不见她熬夜加班的身影了。云霓学会了早睡早起，用高质量的睡眠，迎接每一个充满希望的清晨。她的床头，总有一本半开的书，或是一篇未写完的随笔，记录着她对生活的感悟、对美好的追求。她说，早睡是对自己最好的温柔，因为梦里藏着明天的灵感与力量。

另外，云霓坚持每年进行一次全面体检，不再忽视身体的任何信号。她深知，健康是做好一切的前提，没有了健康，再宏大的梦想也只能是空中楼阁。她开始提醒身边的朋友、家人甚至是她手下的员工关注自身的健康状况。

如今的云霓，依然是那位令人钦佩的女强人，只是她的强大不再仅仅体现在事业的版图上，也体现在她对生命的敬畏、对健康的坚持上。生命是一场盛大的旅行，而健康的身体就是那辆载着我们穿越风雨迎接彩虹的车。只有当我们学会珍惜，学会倾听身体的声音时，才能真正欣赏到旅途中的每一处风景，感受生命赋予我们的无限可能。

重养自己，是一场美丽的觉醒，是给予自己最深切的疼惜。当我们在人生的舞台上优雅地旋转时，别忘了，偶尔也要停下来，照顾好自己这艘生命之舟，因为只有这样，我们才能更加从容地航行在生命的海洋中，尽情感受每一个被爱与美好填满的瞬间。

我们不再是盲目追求速度的船只，而是在浩瀚人海中优雅前行的掌舵手，让灵魂跟上步伐，欣赏每一段旅程的风景。在这条自我呵护的道路上，我们不仅仅为了生存而活，更要活得精彩。

重养自己，不仅仅是一种生活态度，更是一场深刻的生命实践。让我们在繁忙的世界里，依然能听到自己内心深处的声音，感受那份纯粹的喜悦与满足。

2

优雅再出发，
始于每一次复盘

在这个五彩斑斓又纷扰繁杂的世界里，可别忘了苏格拉底那句掷地有声的话："未经审视的人生，不值得度过。"想想看，咱们每天忙忙碌碌，像是一只旋转的陀螺，但若是不抽空儿回头瞧瞧，日子岂不成了一团乱麻？

所以，要经常复盘一下，让自己活得明白。复盘，就像是我们给自己的心灵做一次 SPA，把那些经历过的快乐、忧伤、成功、失败，都细细地过一遍电影。这样一来，我们就能清楚地知道，哪些路走得对，哪些坑得绕着走。

别让自己的日子像一本糊涂账，到头来连自己是怎么过的都不知道。坚持复盘，就是给自己的生活掌舵，让每一步都走得踏踏实实，让每一天都值得回味。

阿若，总是穿着素色的长裙在喧嚣的城市中漫步，仿佛是误入凡间的仙子。她的生活在外人看来是那么的完美无瑕：有一份体面的工作，一个爱她的男友，还有一群志同道合的朋友。然而，每当夜深人静时，我总能听到她轻轻的叹息，那是一种对生活的迷茫与不解。

"我觉得自己活得像一台机器，每天重复着相同的工作，却不知道自己真正想要的是什么。"阿若曾这样对我说。她的眼神里,有着不属于这个年纪的疲惫和困惑。

我鼓励阿若每日进行复盘。起初,她只是敷衍了事,觉得这是无用功。但渐渐地,她开始尝试着记录每天的心情、遇到的挑战,以及那些微不足道却温暖人心的小确幸。比如,有一天,她记录了自己在公园偶遇一只流浪猫,给它喂食时那份简单的快乐;还有一次,她写下了自己因为一个小误会与同事争执,但后来主动沟通化解矛盾的经历。

这个过程,就像是在她的心灵深处种下了一颗种子,随着时间的推移,这颗种子开始生根发芽,长成了一棵参天大树。

"我开始意识到,生活不仅仅是包括工作和爱情,还有那些被我忽略的细节,比如一杯咖啡的温度,一本好书的陪伴,或是雨后初晴时那一抹温柔的阳光。"这是阿若在一次深夜的长谈中告诉我的。她的眼中闪烁着前所未有的光芒,那是一种对生活的热爱,对自我的认知。

复盘,让阿若学会了与自己对话,她开始明白人生的意义并不在于外界的认可,而在于内心的满足与成长。她学会了放下那些不必要的执念,开始专注于真正让自己快乐的事情。她辞去了那份看似光鲜却让她窒息的工作,投身于自己热爱的舞蹈事业,通过教人舞蹈,感受生活中的每一个美好瞬间。

从阿若的故事中,我深刻体会到,复盘不仅仅是对过去的一种回顾,更是对未来的一种规划,是对自己内心深处的一次深刻探索。它让我们在世界中找到自己的定位,明白什么是真正的幸福与满足。

那么,如何进行有效的复盘呢?我想,这需要我们学会观察生活中的每一个细节,无论是喜悦还是悲伤,都是生命中不可多得的馈赠。同时,我们也要有勇气面对自己的不足,诚实地记录每一次的失败与挫折,因为正是这些不完美构成了我们真实而独特的人生。

更重要的是,复盘之后,我们要有所行动。将那些感悟转化为实践的力量,勇敢地迈出改变的第一步。或许,这个过程会充满挑战,但请相信,其中的每一步都将走向更加明媚的未来。就像阿若,她不仅记录了生活中的点滴,更将这些感悟转化为实际行动,勇敢地追求自己的梦想,最终实现了职业生涯的华丽转身。

在这个快节奏的时代，我们要学会慢下来，给自己一点时间、一点空间，去复盘、去思考、去成长。因为只有当我们真正明白自己想要什么时，才能活得更加从容不迫，更加精彩纷呈。

生活如同一条蜿蜒的河流，而我们是那条河流中的一叶扁舟。复盘，就是偶尔停泊靠岸，捡拾沿途散落的鹅卵石，无论是璀璨的成功，还是暗淡的失败，都值得我们温柔以待，细细品味。它教会我们如何在生活的激流中，不失优雅地调整航向，向着心之所向，勇敢航行。

让我们在每一个星辉斑斓的夜晚，或晨光熹微的清晨，拿起那本专属的复盘日记，用文字记录昨日的风雨与彩虹，让它们成为明日路上最亮的照明灯。每一次的自我反思，都是在为自己的灵魂添砖加瓦，让内在的宫殿更加坚固且美丽。

生活不易，但我们可以选择优雅地应对。只要在复盘中成长，在成长中散发光芒，最终我们会发现，那些曾经的迷茫与困惑不过是成就今日辉煌的必经之路。愿我们每一个人在重养自己的旅程中都能活成自己最想成为的模样，优雅、自信，且光芒万丈。

3

微笑无成本，却能带来财富

我们的脸庞不仅仅是五官的组合，更是心灵的明镜，映照着我们的灵魂。试想，当一抹温暖的微笑如晨曦里的花儿一般在脸颊上绽放时，它不仅仅是表情的舞蹈，更是内心光芒的外溢。

网上有一句很流行的话，不知是谁说的：你的脸可以呈现上天赐给人类最贵重的礼物——微笑，一定要使其成为你工作中最大的资产。这句话就像是一位智者在耳边的轻语，提醒我们：微笑，这天赐的无价之宝，应当成为我们职业生涯中最耀眼的名片。

想象一下，当你走进一间办公室时，映入眼帘的是同事们被压力雕刻出的严肃面孔，这时，一个真诚的微笑，就如同春风拂面，能瞬间融化周遭的冰冷，让空气中弥漫起温馨与亲切。它不费一金一银，却比任何昂贵的化妆品更能让人容光焕发，让合作更加顺畅，让氛围更加和谐。

因此，无论是在紧张的谈判桌前，还是在日常的团队协作中，我们可以用微笑去软化棱角，用它去照亮他人，也照亮自己的路。这不仅仅是一种社交礼仪，更是对自我价值的肯定，是内心富足与自信的自然流露。

我看过这么一个故事：在一个风和日丽的日子，一个年仅六岁的小女孩，在一次不经意的外出中，邂逅了一位素未谋面的陌生人。这位陌生人出乎意料地赠予了她一笔巨额现金——四万美元。

消息不胫而走，在整个城市中引起了轩然大波。媒体闻风而动，争相采访这个小女孩，抛出一连串问题："小朋友，你在路上碰到的那位陌生人，你真的不认识他吗？他会不会是你的某个远方亲戚呢？他为何会给你如此一大笔钱？要知道，四万美元可不是个小数目！那位给你钱的先生，他是不是有什么特别的原因呢？……"

小女孩以她那天真无邪的笑容回应："不，我确实不认识他，他也不是我的什么亲戚。我看他挺正常的，没什么不对劲！至于他为什么给我这么多钱，我也不清楚呢！"即便记者们绞尽脑汁，试图挖掘更多内幕，依旧一无所获。

大约过了十分钟，小女孩似乎想到了什么，转头对父亲说："那天，我就是在外面玩，然后碰到了那个人。我当时只是对他笑了笑，仅此而已！"

父亲好奇地追问："那他有没有对你说些什么呢？"

小女孩回忆了一下，答道："他好像说了一句'你的笑容像天使一样，让我多年来的忧愁都烟消云散了！'爸爸，忧愁是什么意思啊？"

原来，那位陌生人是一个富豪，虽然家财万贯，长久以来却未曾感受过真正的快乐。他的面容总是显得冷漠而严肃，以至于镇上的人都对他敬而远之，无人敢向他展露笑颜。直到他偶遇了这个小女孩，她那纯真无邪的微笑如同一缕温暖的阳光，照亮了他久违的心房，打开了他多年紧闭的心扉。

于是，这位富豪决定以四万美元作为回报，这是他对那一刻所得到的无价之宝所表达的一点心意。

这个故事温馨而深刻，展现了微笑的无穷力量。小女孩纯真的笑容不仅温暖了陌生人的心，也收获了意想不到的回报。它告诉我们，真诚的微笑与善意，能跨越陌生，温暖人心，给人带来意想不到的美好。

特蕾莎修女，被誉为"穷人的圣母"。她一生致力于消除贫困，在1979年获得了诺贝尔和平奖。

一次，一群来自教育领域的美国人前往印度加尔各答，拜访了闻名遐迩的特蕾莎修女。在访问过程中，他们向特蕾莎修女提出了一个关于如何更好地与家人相处的难题，期待能得到一些深刻的见解或建议。

然而，特蕾莎修女的回答简单而直接："对你的妻子微笑，对你的丈夫微笑。"

这样的回答让这群美国人感到十分惊讶，他们预期会得到更为复杂或深奥的建议，却没想到这个困扰他们许久的难题，竟被特蕾莎修女用如此简洁而温暖的话语轻松化解。

微笑，这个简单的举动，是培养良好心态和改善人际关系的起点。它不需要复杂的技巧，却能传递爱与尊重，温暖他人，照亮自己。微笑的力量，在于它能够跨越语言和文化的障碍，成为连接人心的桥梁。

在这个快节奏与高压力并行的时代，我们更应懂得，微笑不仅是最经济的美容秘诀，更是心灵的瑜伽，无须花费分毫，就能创造出无尽的内在与外在财富。

重养自己，从一个简单的微笑开始，这不仅是对外界的温柔以待，更是对自己的深深爱护。让我们学会在每一个黎明与黄昏对镜中的自己微笑，对擦肩而过的路人微笑，对生活中的每一个挑战微笑。

如此，我们不仅滋养了自己，也温暖了周围的世界，让生活因这份简单而强大的力量，散发出不一样的光彩。

请记住，你的微笑是你最宝贵的资产，是工作中不可替代的魅力武器，它让你在每一个挑战面前，都能优雅而坚强。

4

阅读是最温柔的 SPA，
滋养心灵的每一个角落

阅读，就像是给心灵做一场细腻的 SPA。北宋大诗人黄庭坚曾表示：一日不读书，尘生其中；两日不读书，面目可憎；三日不读书，言语乏味。

在这个快节奏的时代，我们常常忙得像个不停旋转的陀螺，心灵也被弄得疲惫不堪。但每当我们翻开一本书时，就像是推开了一扇通往秘密花园的门，里面的文字如同温柔的细雨，悄悄滋润着我们的心田。它们能抚平我们的焦虑，唤醒我们内心的温柔与坚韧，让我们在纷扰中找到一片宁静的港湾。

阅读，不仅让眼界更开阔，也让心灵变得更加丰盈和柔软。所以，不妨给自己一点时间，坚持阅读，让心灵在文字的滋养下展现出独特的光彩和魅力。

在这个喧嚣的世界里，我总能找到一个属于自己的宁静角落，那便是书籍为我筑起的避风港。小时候，家里总是充满了弟弟的欢声笑语，而我像是被遗忘在角落的一抹淡影。父母的偏爱，像是一阵无形的风，吹得我心中那片渴望关注的土地愈发荒凉。于是，我悄悄地与书为伴，让文字成为我心灵的慰藉。

记得那是一个雨后的黄昏，我手里捧着一本《小王子》。那一刻，我仿佛穿越到了另一个星球，遇见了那个有着金黄色头发，喜欢问问题的小王子。他开始了一场关于爱与责任的旅行，而我也在字里行间开始了自我发现的旅程。书中的每一个字，都像是温柔的雨滴，滋养着我干涸的心田。从那以后，阅读成了我生活中不可或缺的一部分，它像是一盏灯，照亮了我内心的每一个角落。

阅读于我而言不仅仅是一种习惯，更是一种自我疗愈的方式。它教会了我，即使世界对我们偶尔有所偏颇，我们也能在书页间找到平衡与和谐。书籍是心灵的粮食，它让我们的思想更有深度，让我们的情感得以丰富，更让我们的灵魂能够自由飞翔。

所以，请养成阅读的习惯吧，让心灵在这份滋养中慢慢成长，直至散发出属于自己的光芒。在这个快节奏的时代，给自己一个慢下来的理由，让书籍成为灵魂的栖息地，你会发现生活因此而变得更加温柔且有意义。

我经常会参加一些线下的读书活动，有一次，我邂逅了一位特别的姐妹，她如同一缕温柔的春风，轻轻拂过我的心田。她的名字我已经记不太清了，但那份由内而外散发的恬静与从容，让我至今难以忘怀。她坐在窗边，阳光透过轻纱，为她轮廓柔和的脸庞镀上了一层金边，那一刻，时间仿佛凝固了。

她轻声细语地分享着自己的故事，声音里带着几分过往的风霜，却又满是释然。她说，自己曾是个脾气暴躁的女子，行事风格硬朗得像个男人，那份不屈不挠在职场上或许是一种优势，但在家庭的温馨港湾里却成了难以磨平的棱角。最终，这段婚姻因无法承受长期的摩擦而走向了终点。那时的她心如刀割却也无处诉说，只能在深夜里独自舔舐伤口。

直到有一天，她偶然间翻开了一本尘封已久的书，那本书是她年轻时买下的，却从未有机会细细品味。书中的文字像是一股清泉，缓缓流淌进她干涸的心田，滋养着她受伤的灵魂。从那以后，阅读成了她生活的常态，书也成了她心灵的避风港。她在书海中学会了温柔，学会了理解，更学会了以一颗平和的心去面对生活的起起落落。

她的故事如同一面镜子，让我看到了阅读的力量——它不仅能拓宽我们的视野，更能深刻地改变我们的内心世界，使我们变得更加柔软与坚韧。在这个快节奏的时代，我们往往忽略了对心灵的滋养，而阅读正是那把开启内心世界的钥匙。

所以，如果你也正经历着生活的波折，或是心灵的荒漠需要一场甘霖，不妨试试阅读吧。不必急于求成，只需让书中的智慧与情感一点一滴地渗进你的心田，你就会发现：那些曾经困扰你的问题，会在不经意间得到答案；那些你以为无法逾越的鸿沟，其实早有前人用文字为你搭起了桥梁。

重养自己，不仅仅是一句口号，它是我们给予自己最温柔的承诺。通过阅读，我们可以学会与自己对话，学会在字里行间寻找那份遗失的宁静，学会在别人的故事中看到自己的影子，也学会用更加柔和与坚韧的心态去拥抱这个世界的不完美。

阅读可以治愈曾经的自己，让自己找到内心的平和与力量。让书籍成为我们成长路上的良师益友，让每一次翻页都成为我们心灵的一次深呼吸。通过在文字的海洋中遨游，我们学会了温柔地对待自己，也学会了以更广阔的视角去理解生活。

在繁忙与喧闹之余，请不要忘记为自己的心灵开一扇窗，让阅读的阳光洒满每一个角落。在书页间旅行，并与伟大的心灵对话后，你会发现，最美好的风景往往藏在那些被温柔以待的时光里。重养自己，从一页一页地阅读开始，让心灵之花在书香中静静绽放，展示出属于自己的那份从容与优雅。

5

开阔视野，
丰盈我们的内心世界

在这个信息爆炸的时代，我们每天被各种声音包围着，很容易迷失在外界的期待与标准中。然而，真正的富足并不是外在物质的堆砌，而是一种源自内心的丰盈与满足。这就像是在心灵的花园里种植各种各样的花，每朵花都代表着不同的经历、知识与情感，它们共同描绘了我们丰富多彩的人生画卷。

开阔视野意味着不断学习新知识，接触不同的文化与思想，它能够帮助我们跳出舒适区，看到更加广阔的世界。这种探索不仅仅是地理上的旅行，更是心灵上的远行。当我们的内心被新的知识与体验滋养时，它就会变得更加丰满与富足。

更重要的是，内心的富足让我们能够在面对生活的起起伏伏时保持一份从容与淡定。它让我们明白，人生的价值不仅仅在于拥有多少物质财富，更在于我们如何看待这个世界，以及我们与这个世界的关系。当我们拥有了开阔的视野时，就能够更加深刻地理解生命的真谛，从而反过来让自己的内心变得更加丰盈与美丽。

在一次旅游中，我结识了一个独自外出旅行的女子。她的童年充斥着简单而单纯的快乐，但随着年龄的增长，她开始意识到自己想要的不仅仅是眼前的安逸。

她渴望着更广阔的天空，她梦想着能够通过自己的努力改变命运，去欣赏更多的风景。

大学毕业后，她选择了一份稳定的工作，但她总觉得生活中缺少了什么。每当夜深人静时，她总是会思考一个问题："这就是我想要的生活吗？"这样的困惑让她感到迷茫，甚至一度陷入了自我怀疑。直到有一天，她偶然间读到了一本旅行文学作品，书中那些遥远而神秘的地方唤醒了她内心深处对于世界的好奇。

于是，她决定给自己放一个长假，开始了一段旅程。她首先来到了云南，那里的蓝天白云、绿水青山给她的心灵带来了前所未有震撼。在丽江古城漫步时，她遇到了一位手工艺人，那位老人用简单的材料制作出精美的饰品，每一个细节都透露着匠人的用心与坚持。老人告诉她："生活中的美好往往藏在那些不起眼的瞬间里。"

从那以后，她开始尝试着放慢脚步，去感受身边的每一件小事。她学会了摄影，记录旅途中的点点滴滴；她开始阅读更多的书籍，了解不同文化的精髓；她还学会了烹饪，用美食来慰藉疲惫的自己。每一种尝试都让她的心灵得到了滋养，她的视野也在不断拓宽。

她的故事让我深刻地体会到，真正的富足不是来自物质的积累，而是源自内心的充实与平和。在这个过程中，我们可以通过不断学习与体验来丰富自己的内心世界。开阔视野不仅仅意味着到远方旅行，更是在日常生活中不断地寻找灵感，让自己成为一个更加完整的人。

那么，如何才能让自己的内心变得更加富足呢？在我看来，需要从以下几个方面着手。

首先是培养好奇心。对世界充满好奇，愿意接受新鲜事物，这是开阔视野的第一步。无论是阅读一本书还是学习一项新技能，每一次尝试都能带给我们不同的感受。

其次是拥抱自然。大自然是最伟大的艺术家，它的美能够触动我们内心最深处的情感。花一些时间走近自然，去感受四季的变化，你会发现生命中最简单的美好。

再次是与人建立联系。人与人之间的联系是温暖心灵的重要来源。无论是与家人朋友共度时光，还是结交志同道合的新朋友，真诚的交流都能够让我们的内心变得更加丰富。

最后是学会自我反思。定期花时间静下心来，回顾自己的成长历程，思考未来的方向。这种内在的对话有助于我们更好地认识自己，找到内心的平静。

她的故事还在继续，她已经成为一个更加自信、更加有魅力的女性。她告诉我，只要勇敢地迈出第一步，就能开启一段精彩的人生旅程。在这个过程中，我们不仅能够让内心变得富足，还能给身边的人带来正能量与启示。

让我们像她那样，一起勇敢地去追求那些能够滋养心灵的事物吧。在这个纷扰的世界里，愿我们都能找到属于自己的那份宁静与美好。

生活的快节奏，常常让我们忘记最重要的一件事——好好地关爱自己。当我们敢于探索未知，勇于尝试新鲜事物时，我们不仅拓宽了自己的视野，也丰富了内心的色彩。

姐妹们，让我们一起踏上这场重养自己的美妙旅程吧！开阔视野，丰富内心，并不是遥不可及的事情，而是我们每个人都能实现的目标。在这个过程中，我们会发现，原来真正的富足就是成为那个更加完整、更加自信、更加闪耀的自己。如此，无论外界如何喧嚣，我们的内心都会像一片宁静而美丽的海洋。

所以，别忘了给自己一个温柔的拥抱，不论是沉浸在一本好书的墨香中，还是在自然的怀抱里尽情呼吸，抑或是与挚友分享一杯香浓的咖啡。这些都是对自己最好的呵护与奖励。

请记住，每一次心灵的远行，都是向着更加美好的自己迈进。在这个旅途中，愿你我都能成为那个内心丰盈、灵魂有趣的人，活出最真实的自我，享受当下的美好。

6

断舍离，
不仅是空间的瘦身，更是心灵的净化

2000年，日本杂物管理咨询师山下英子提出了断舍离的理念，20多年来，影响了全球无数人。

想象一下，你的生活空间不再是杂物的避难所，而是化身为简洁艺术的展览馆。那些如同鸡肋的物件，在断舍离的魔法下逐一退场，只留下那些真正让你心动的宝贝。这不仅是物理空间的瘦身，更是心灵舞台的清场，让杂念无处遁形，只留一片清净之地，供你悠然起舞。

心理的断舍离，是与昨日之我的温柔告别，是勇敢撕掉那些标签，不再让幻想与犹豫成为前行的绊脚石。它教你学会与坏情绪和平分手，让心灵轻装上阵，像脱胎换骨的凤凰，翱翔于自由的天际。

生活方式的转变，则是智慧女性的优雅转身。不再盲目追逐潮流的尾巴，而是优雅地走在"少即是多"的时尚前沿。购物车里的冲动，被理性审视后的必需品取代；不再让物质的堆砌定义幸福，而是聆听内心真实的声音，追求那份纯粹的快乐与满足。

至于社交的断舍离，就如同精心修剪的花园，去芜存菁。删减那些千篇一律的照片，减少在虚拟世界的无意义徘徊，让真挚的情感在现实中深深扎根。与少数知己的促膝长谈，远胜过在人群中的孤单狂欢。这样的选择，让我们的时间变得珍贵，人际关系也变得更加醇厚。

我认识一个姐妹，曾是购物狂欢的忠实"信徒"，每当"618""双 11"的钟声敲响，她的指尖便在键盘上跳跃，如同一位指挥家，在数字的海洋中编织着梦幻的购物网。在那些日子里，快递盒如潮水般涌来，拆包的喜悦如同观看绽放的烟花，那喜悦瞬间照亮了她的小世界。然而，随着时间的推移，那些曾经让她心动的物品，渐渐变成了屋角的尘埃，有的仅被宠幸一次，更有甚者，自拆封之日起就再未见过阳光，它们静静地躺在那里，成了生活中无形的负担。

直到有一天，她的父亲突然病倒，需要一笔手术费。那一刻，她慌了神，翻遍了所有的抽屉和账户，却发现自己竟然捉襟见肘，那些曾经给她带来短暂快乐的物品，如今却成了无法变现的累赘。那一刻的羞愧与无助，如同冰冷的雨水，淋湿了她的心房。

从那以后，她开始了一场断舍离之旅。每一件物品的离开，都像是在与她进行一场深情的告别。她学会了倾听内心的声音，分辨什么是真正所需，什么是欲望的泡沫。随着房间逐渐变得空旷，她的心灵却变得更加丰盈。她逐渐意识到，生活的质感，并非来源于物质的堆砌，而是源自内心的平和与满足。

我们身处诱惑无处不在的时代，但真正的幸福往往藏匿于简单与纯粹之中。减少不必要的生活成本，不仅仅是为了应对突如其来的困境，更是一种生活态度的转变。学会与自己的欲望保持距离，用理性的眼光审视每一次消费，让每一分钱都能发挥它应有的作用，这不仅是对自己的负责，也是对生活的尊重。

我有位朋友，她曾不慎踏入一段错综复杂的情感迷宫。他是一个有妇之夫，带着一双儿女，与妻子的关系如同冬日里疏离的枝丫，而她就像是不经意间飘落的雪花，轻轻覆盖在了他冰冷的枝头。

起初，她以为自己能成为他心中的暖阳，融化那份不为人知的孤独。他们之间的对话，像是深夜里最温柔的秘密，他向她倾诉，她则默默倾听，两颗心在不应该出现的交集里悄然靠近。然而，随着时间的推移，这份关系逐渐变成了她心灵的枷锁，每一次的相见与别离，都像是在她心上刻下一道看不见的伤痕。

她意识到，这段关系如同一件华而不实的奢侈品，虽然诱人，却需要她付出高昂的代价——她的平静、自尊，甚至是未来。她感到窒息，仿佛被无形的网紧紧束缚着，每一次呼吸都伴随着疼痛。终于有一天，她做出了决定，毅然决然地从这段畸形的关系中抽身，从他的世界里彻底消失，哪怕过程痛苦，也要为自己的人生减负。

断舍离，不仅仅是对物品的处理，更是对生活态度的一种革新。它教会我们，无论是人还是事，一旦其成为我们生命中不必要的"养活成本"，就该有勇气放手。我的朋友学会了这一课，她明白真正的幸福不在于拥有多少，而在于如何让心灵得到真正的自由与安宁。

断舍离的关键在于学会自我审视，懂得区分哪些人与事是值得投资的"资产"，哪些人与事是消耗我们精力的"负债"。我们需要勇气去割舍那些看似美好实则拖累我们的关系，也需要智慧去构建健康、平等的人际关系。在这个过程中，自我成长与疗愈是必不可少的，我们要通过阅读、旅行或是任何能够滋养心灵的方式，让自己逐渐强大，直到能够优雅地转身，迎接生命中真正属于自己的阳光。

让我们以断舍离为剑，斩断那些拖累我们的无谓负担。重养自己，不仅是对物质的精减，更是对心灵的净化和精神的升华。在这个纷繁复杂的世界里，我们要学会倾听内心的声音，识别并珍惜那些真正让我们心动的"宝贝"。

让我们像园丁一样，精心修剪自己的生活花园，去除杂草，留下芬芳。用微笑面对每一次的告别和新生，因为每一次的断舍离，都是自我成长的见证，都是向着更加丰盈的生活的迈进。

请记住，真正的幸福和满足不在于我们拥有多少，而在于我们如何用心去感受和珍惜。让我们带着这份智慧和勇气，优雅地走在人生的道路上，活出最真实、最精彩的自己。

7

用感恩之心温暖自己，
也温暖这个世界

我们常常扮演着多重角色，每天面对着不同的挑战和压力。但请记住，感恩之心如同心灵的甘露，能够滋养我们的心田，让我们在繁忙的生活中找到宁静与平和。

记录、铭记感恩之事，就像是给自己的心灵种植一株美丽的花苗。日常生活中，无论多么平凡或忙碌，总有一些值得我们感激的事物。可能是清晨的第一缕阳光，朋友的一句问候，或是他人的一个帮助。把这些美好的瞬间记录下来，就像是在我们心中种下一粒粒种子，随着时间的推移，它们会慢慢生根发芽，最终长成一片心灵的绿洲。

这样一颗感恩的心，不仅能让我们在逆境中保持乐观，更能激发我们对世界的善意。当我们在日常生活中传递这份感恩之情时，就像是在播撒爱的种子，能让这个世界变得更加温暖和美好。

每个人的生命都像是一出跌宕起伏的戏剧。今天我想和你分享一个关于蜕变与重生的故事，一个关于如何用一颗感恩的心去温暖自己，也温暖这个世界的故事。

故事的主角是我的一位初中同学。记忆中的她总是静静地坐在教室的一角，眼神中带着几分不易察觉的忧郁。她的世界，似乎比其他人的要沉重一些。她很早就失去了母亲，父亲为了生计，不得不远赴他乡打工，留下她与年迈的爷爷奶奶相依为命。然而，在那个本该充满亲情与温暖的家中，她却未得到应有的呵护，爷爷奶奶对哥哥的偏爱像是一堵无形的墙，将她推向了家庭的边缘。

初中毕业后，她便踏上了外出打工的路。生活的艰辛，爱情的挫败，接踵而至。两个男友，一个用谎言编织未来，最终让她心碎；另一个，则在承诺的明天到来之前，先行转身离开。这些经历，像是一把把锋利的刀，切割着她原本就脆弱的心，让她的世界充满了怨气与不满，致使她的人际关系变得紧张，工作也不顺心。

有一天，不知她通过什么途径突然加上了我的微信。屏幕亮起，她的消息如潮水般涌来，满是对生活的不满与抱怨。那一刻，我仿佛能听到她心底的哭泣，那是一种对生活失去控制的无助与绝望。我轻轻地对她说："学会感恩，你的人生才有更大的舞台。"这句话，或许只是我当时的一时感慨，却没想到成了让她的人生发生转折的箴言。

之后的很长一段时间里，我们都没有联系彼此，生活的忙碌让我们各自奔波。直到有一天，她突然发来一条信息，字里行间洋溢着前所未有的喜悦与幸福。她告诉我，她换了一份自己热爱的工作，更重要的是，她遇到了一个愿意倾听她所有故事，也愿意与她共享生活点滴的男友。他们彼此喜欢，相互扶持，仿佛为彼此的世界点亮了一盏温暖的灯。

她告诉我，这一切的变化都始于听了我的那句话，她做出了一个简单的决定——坚持记录值得感恩的事情。每天，无论多忙多累，她都会在本子上写下至少一件让她心怀感恩的事。起初，这并不容易，她的生活似乎充满了苦涩，很难找到值得感恩的事。但随着时间的推移，她开始学会从不同的角度看待问题，哪怕是最微小的事物，也能成为她感恩的对象：一杯温热的茶、一个友好的微笑，甚至是一些他人对她的冷嘲热讽，她也觉得是为了她好的逆耳忠言……

记录感恩，让她学会了珍惜，也让她的心态逐渐发生了转变。她意识到生活中并不是没有美好，只是她未曾用心去发现。这份感恩之心，像是一股温柔的力量，慢慢融化了她心中的冰霜，让她的世界重新充满了色彩。

所以，亲爱的朋友，我想对你说，无论你现在正经历着什么，不妨也试着拿起笔，或是打开手机中的记事本，开始记录你的感恩清单。不必是什么惊天动地的大事，生活中的每一个小确幸，都值得被铭记。你会发现，当你开始感恩时，那些曾经不起眼的瞬间，都会化作滋养你心灵的甘露，让你的生活散发出不一样的光彩。

　　姐妹们，想学会重养自己，要从一颗感恩的心开始。就像给心灵施肥，让它在爱的阳光下茁壮成长。每一天都给自己一点时间，去记录那些让生活变得温暖的小确幸吧。不必等到玫瑰盛开，才去欣赏花园的美丽，其生长过程中每一个细微的瞬间都是值得珍藏的宝藏。

　　当我们开始用感恩的心去生活时，就会发现，那些曾经的伤痕也会慢慢变成我们最坚硬的盔甲。因为感恩不仅仅是一种态度，更是一种我们独有的力量，它让我们在生活的舞台上，优雅地转身，散发出属于自己的光芒。

8

再坚持一下，
我就会站在属于自己的高度

在生命的舞台上，每个人都是一位脚踏七彩祥云的勇士，怀揣梦想，眼含星光。我们攀登梦想的高峰的过程，就像穿行于生活的荆棘之路，每一步虽沉重却扎实，每滴汗虽微小却见证着不屈。我们可能会遭遇风雨，也可能会在某个陡峭处徘徊，但正是这些不易雕琢了我们的坚韧与勇气。只要坚持不懈，我们终将突破艰难险阻，站在属于自己的高度。就像花儿在风雨后会更加娇艳，我们也会在面对挑战时散发出更加耀眼的光芒。

坚持，不仅仅是为了抵达山顶，更是为了欣赏沿途的风景和体会那份自我超越的喜悦。我们要试着在每一个"再坚持一下"的瞬间，发现内心深处那片未被触及的辽阔天地。

当你在生活的荆棘之路上前行，偶遇艰险、感到疲惫时，记得回望来时的路，那里有你一步步坚实的脚印，有你未曾言弃的勇敢。再坚持一下，你终将发现那片属于你的天空，它星光璀璨，只为你闪耀。

我的表姐是一个毕业于普通大学的女生，起初，她的世界似乎已被框定在了一张普通的画卷里。但在工作后，她并没有被当时所处的环境所束缚，而是在平凡的岗位上萌生了更高的追求。在一次深夜的长谈中，她向我袒露心声："我想要的，不仅仅是朝九晚五的稳定工作，我渴望更广阔的天空，我想去触摸那些高高在上的星星。"于是，她定下了一个在旁人看来近乎不可能的目标——考取一所"双一流"大学的硕士研究生。

这个决定，就像在平静的湖中投入了一块巨石，瞬间激起层层涟漪。周围的声音纷至沓来，有的是质疑，有的是担忧，还有的则是善意的劝告："你已经工作了，何必再去折腾？""'双一流'，那可是学霸的战场，你能行吗？"面对这一切，她只是微微一笑，眼神中闪烁着不屈的光芒，仿佛在说："我愿意尝试，即使失败也无悔。"

于是，她开始了这场孤独而又壮丽的征程。晨曦微露，当大多数人还在梦乡中时，她已经坐在了书桌前，与单词和公式为伍。当夜幕低垂，城市渐渐沉寂时，她仍在灯下，与厚重的参考书和历年试题奋战。

备考的日子无疑是艰苦的，她也曾数次跌入自我怀疑的深渊。记得有一次，她在模拟真题的测试中的成绩不尽如人意。电话那头的她，声音颤抖，带着一丝哽咽："我真的能做到吗？"我听着她的倾诉，满是心疼，但我知道，此刻的她需要的不是安慰，而是鼓励。我说："表姐，再坚持一下，你行的！你已经走了这么远，怎么能轻易放弃呢？"

她沉默了一会儿，然后轻轻地笑了，那笑声中有着坚定和释然："你说得对，我会继续加油的。"

就这样，她凭借着这份不屈不挠的精神，一点一滴地积累，一步一步地向前。终于，当春暖花开时，她收到了那封梦寐以求的录取通知书。那一瞬间，她的泪水与笑容交织，此前她所有的辛酸与付出，都化作了最美的花朵。

她的故事，是对"再坚持一下"的最好诠释。在这个过程中，我深刻体会到，面对困难与挑战，我们首先要做的是相信自己，相信坚持的力量。以下几点，或许能为正在奋斗的你提供一些帮助。

第一，明确你要达到的高度，这个目标应当既具有挑战性，又不至于遥不可及。明确目标，是坚持下去的动力源泉。第二，将大目标分解为小步骤，制订详细的行动计划,并坚持执行。每日的坚持,是通往成功的阶梯。第三,在艰难时刻,学会自我激励,保持积极乐观的心态。遇到挫折时,适时调整策略,而不是轻易放弃。第四,在孤独的旅途中,找到志同道合的朋友或家人,他们的鼓励和支持会是你前行路上的温暖灯火。第五,请记住,过程比结果更为重要。在追求目标的过程中,我们所学到的、所经历的,都将化作生命中宝贵的财富。

我表姐的故事如同一盏明灯,曾照亮我前行的路,也希望她的故事能为每一位追梦人带来光亮。在这趟漫长又充满挑战的旅途中,愿我们都能坚持初心,勇敢地追寻自己的梦想。

在这个绚烂多彩的世界里,我们不仅仅是在攀登梦想的高峰,更是在重养自己的过程中,学会如何像恒星一般闪闪发光。

重养自己,不单是对外在的呵护,更是对内心的滋养,是在每一次"再坚持一下"的抉择中,为自己的梦想施肥,为勇气浇水。无论起点如何,只要我们心中有光,脚下就有路。

重养自己,就是学会把每一个不易的瞬间,都化作滋养心灵的甘露。

所以,当你感到疲惫时,不妨给自己一个温柔的拥抱,告诉自己:"再坚持一下,我就会站在属于自己的高度!"在重养自己的旅途中,让我们一同前行,直到那片星光璀璨的天空,只为我们闪耀。